普通高等教育机械设计制造及其自动化系列教材

计算机绘图及三维造型实训

主　编　陈彦钊　付秀琢　张红霞
副主编　冯衍霞　张玉伟　苏国胜

北京理工大学出版社
BEIJING INSTITUTE OF TECHNOLOGY PRESS

内容简介

本书参照了教育部工程图学教学指导分委员会制定的《工程图学课程教学基本要求》，并适当考虑了工程图学的发展要求编写而成。既包含计算机二维绘图内容，又包含计算机三维造型训练内容，同时提供三维建模结果。

本书适用于机械相关专业本科生的日常教学，制图类考试、竞赛等训练，可用于三维建模练习，也可用于二维绘图练习。

版权专有　侵权必究

图书在版编目(CIP)数据

计算机绘图及三维造型实训／陈彦钊，付秀琢，张红霞主编．--北京：北京理工大学出版社，2023.11

ISBN 978-7-5763-3210-0

Ⅰ．①计… Ⅱ．①陈… ②付… ③张… Ⅲ．①机械制图-计算机辅助设计-应用软件 Ⅳ．①TH126 ②TU204

中国国家版本馆 CIP 数据核字(2023)第 227870 号

责任编辑：李　薇		文案编辑：李　硕	
责任校对：刘亚男		责任印制：李志强	

出版发行 /	北京理工大学出版社有限责任公司
社　　址 /	北京市丰台区四合庄路 6 号
邮　　编 /	100070
电　　话 /	(010) 68914026（教材售后服务热线）
	(010) 68944437（课件资源服务热线）
网　　址 /	http://www.bitpress.com.cn
版 印 次 /	2023 年 11 月第 1 版第 1 次印刷
印　　刷 /	涿州市新华印刷有限公司
开　　本 /	787 mm×1092 mm　1/16
印　　张 /	9.5
字　　数 /	237 千字
定　　价 /	32.00 元

图书出现印装质量问题，请拨打售后服务热线，负责调换

前　言

为深入贯彻习近平新时代中国特色社会主义思想，落实党的二十大精神，深化卓越工程师教育改革，本书参照了教育部工程图学教学指导分委员会制定的《工程图学课程教学基本要求》，吸收了齐鲁工业大学及兄弟院校近几年的教学改革成果，并适当考虑了工程图学的发展要求编写而成。

本书主要有以下几个特点：

（1）针对目前"机械制图"类课程上机环节教学需求，本书既包含计算机二维绘图内容，又包含计算机三维造型训练内容，同时提供三维建模结果。

（2）本书突破传统教材以软件讲授为主的编写思路，立足于上机实训，以提高学生计算机作图技能、提升学生工程素养为目标，为制图课程提供上机指导。

（3）不同于其他教材，本书以计算机绘图为主线，以"机械制图"类课程教学大纲为依据，将计算机二维绘图与三维建模进行统一，提供丰富的二维及三维实训样例，内容编写顺序反映实际教学过程，呈现形式多样。

（4）为适应工程图学的发展要求，本书包含了丰富的案例，针对性强，是学生参加图学比赛、考取图学证书的有效练习资料。同时，引进了千斤顶、减速器等工程案例，将教学与实践相结合，培养学生解决实际问题的能力。

本教材由齐鲁工业大学陈彦钊、付秀琢、张红霞任主编，冯衍霞、张玉伟、苏国胜任副主编。编写分工如下：陈彦钊编写了第1章，张玉伟、冯衍霞编写了第2章，张红霞、付秀琢编写了第3章，付秀琢、苏国胜编写了第4章。山东乐普韦尔自动化技术有限公司提供了部分企业案例，王明瑞高级工程师对本书的编写提出了许多宝贵意见和建议。本书由陈彦钊负责统稿。

本书的编写得到了齐鲁工业大学机械工程学部有关领导的支持与帮助，并得到齐鲁工业大学教材建设基金资助，在此表示衷心的感谢。

由于编者水平有限，书中难免有不当之处，敬请读者批评指正。

编　者

2023 年 6 月

目 录

第1章 平面图形 …………………………………… (1)
　1.1 基本绘图 ………………………………… (2)
　1.2 趣味绘图 ………………………………… (23)
第2章 组合体 ……………………………………… (28)
　2.1 基础篇 …………………………………… (29)
　2.2 进阶篇 …………………………………… (43)
　2.3 综合篇 …………………………………… (49)
第3章 零件图 ……………………………………… (52)
　3.1 基本绘图 ………………………………… (53)
　3.2 盘盖类零件 ……………………………… (59)
　3.3 叉架类零件 ……………………………… (65)
　3.4 箱体类零件 ……………………………… (71)
　3.5 工程实例 ………………………………… (77)
第4章 装配图 ……………………………………… (80)
　4.1 千斤顶 …………………………………… (81)
　4.2 平口虎钳 ………………………………… (86)
　4.3 球阀 ……………………………………… (91)
　4.4 手压阀 …………………………………… (97)
　4.5 滑动轴承 ………………………………… (103)
　4.6 柱塞泵 …………………………………… (110)
　4.7 回油阀 …………………………………… (116)
　4.8 齿轮油泵 ………………………………… (122)
　4.9 减速器 …………………………………… (127)
附录A 组合体三视图示例 ……………………… (136)
附录B 装配图三维结构示例 …………………… (139)
参考文献 …………………………………………… (144)

第1章 平面图形

　　平面图形是工程图样中视图的主要表达形式，平面图形绘制是工程图样绘制的基础，熟练掌握平面图形绘制方法与技巧，是正确、迅速绘制工程图样的前提。本章为平面图形练习，可利用各类 CAD 软件进行二维图形绘制，适用于本科生日常教学、制图类考试、竞赛等训练。为增强趣味性，本章提供了丰富的实例，除设置基本绘图训练外，还增加了一些卡通形象的实例，旨在促进学习者熟练掌握计算机绘图软件的基本绘图操作，培养学习者利用计算机软件进行平面图形分析、绘制与尺寸标注的能力，为工程图样绘制夯实基础。同时，本章融入思政元素，培养学习者的爱国情操，如增设国宝大熊猫等绘图实例。

1.1 基本绘图

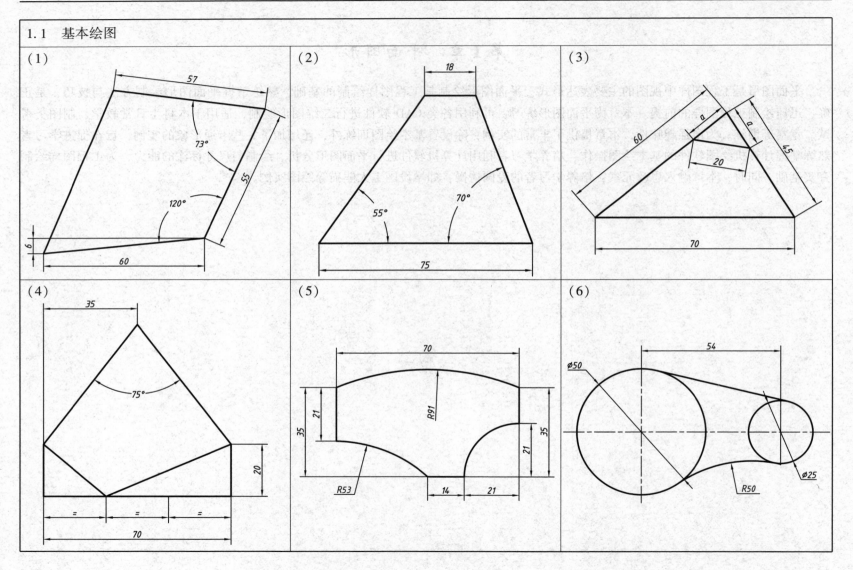

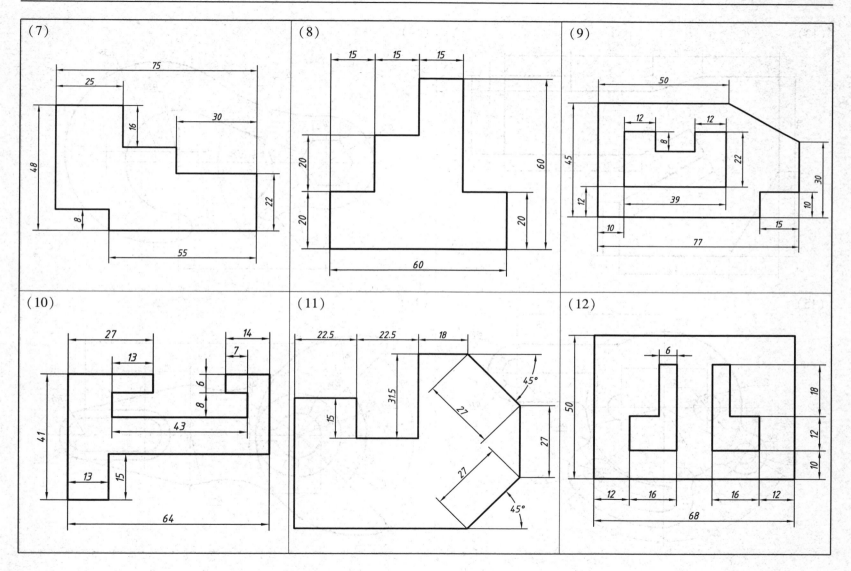

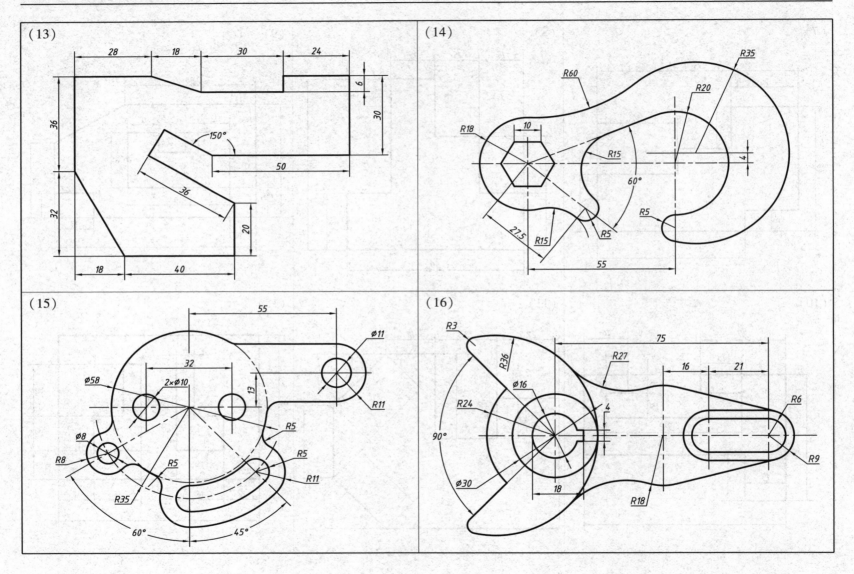

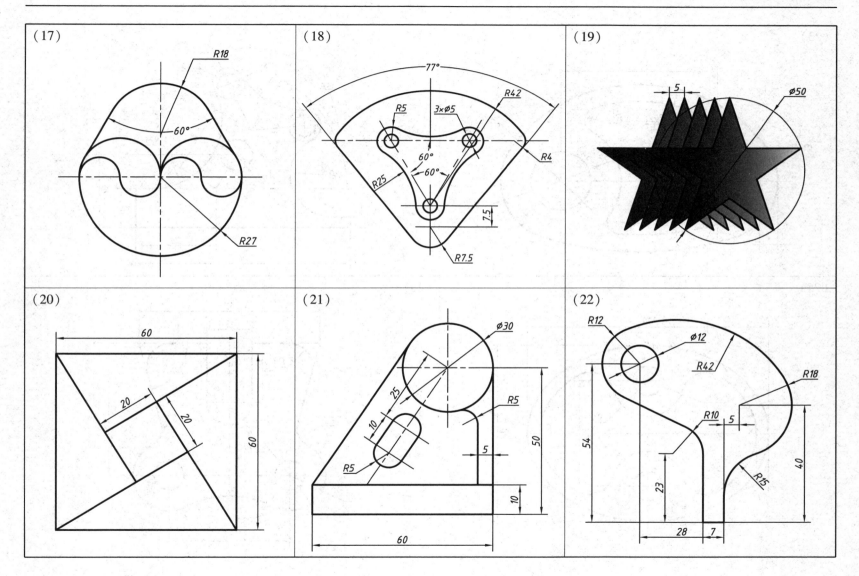

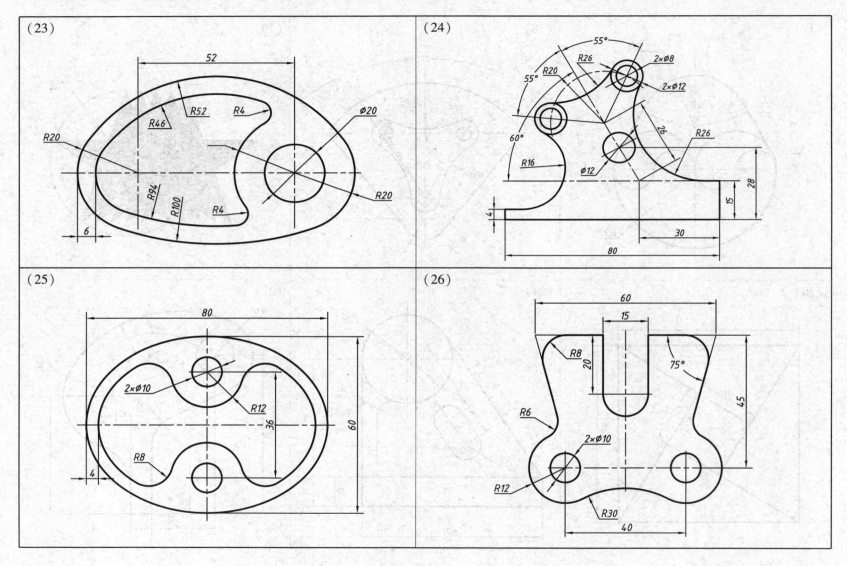

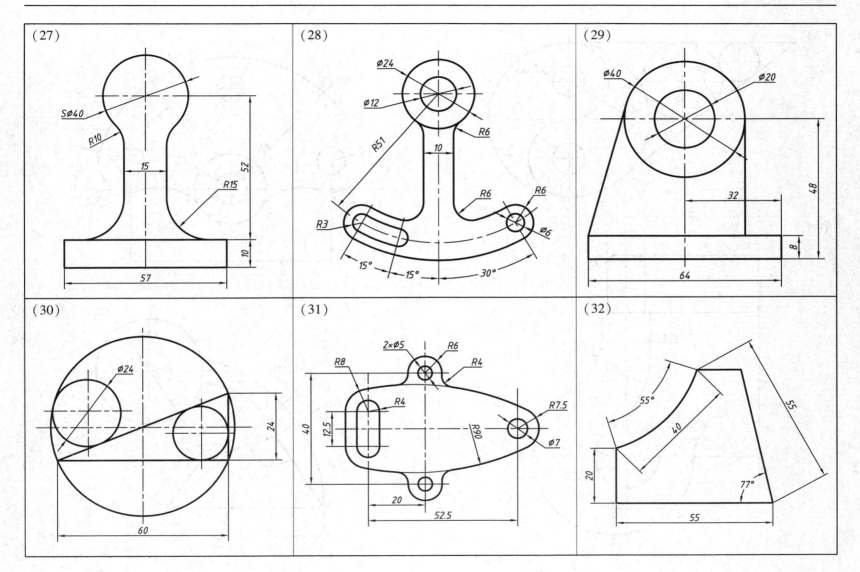

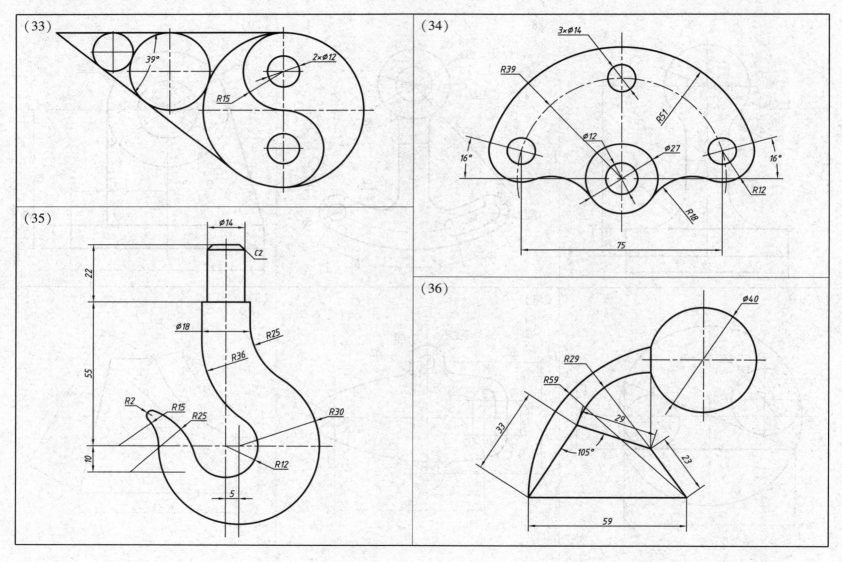

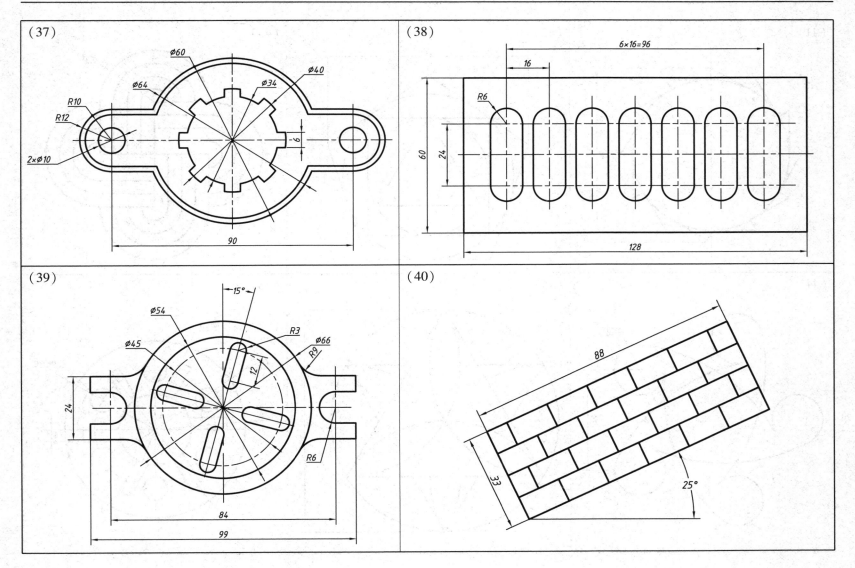

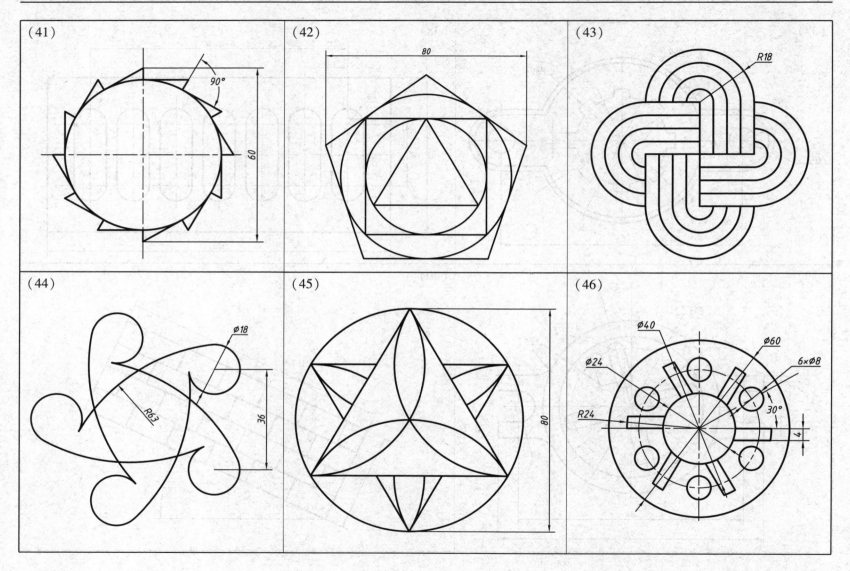

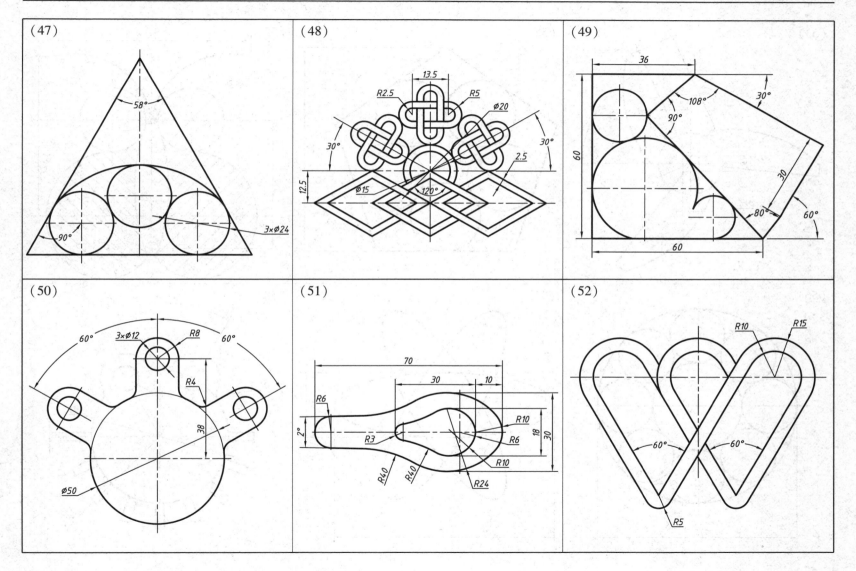

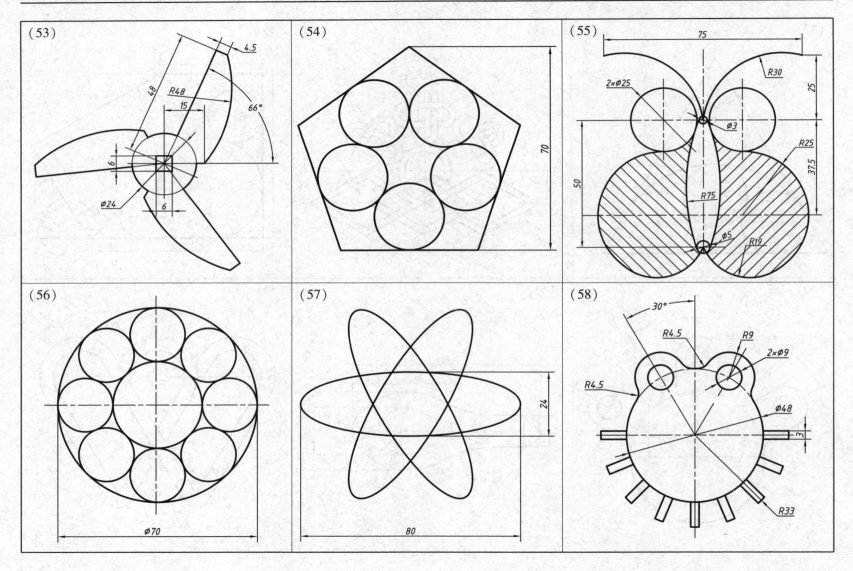

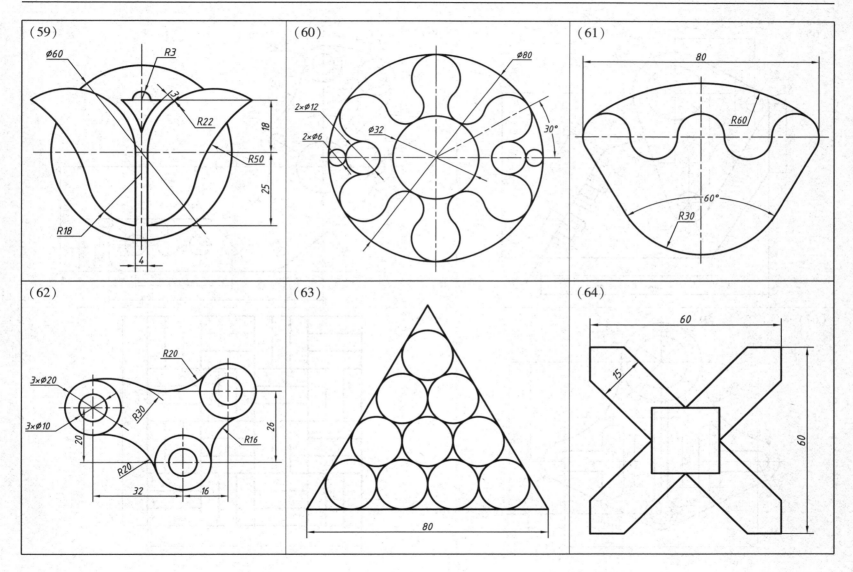

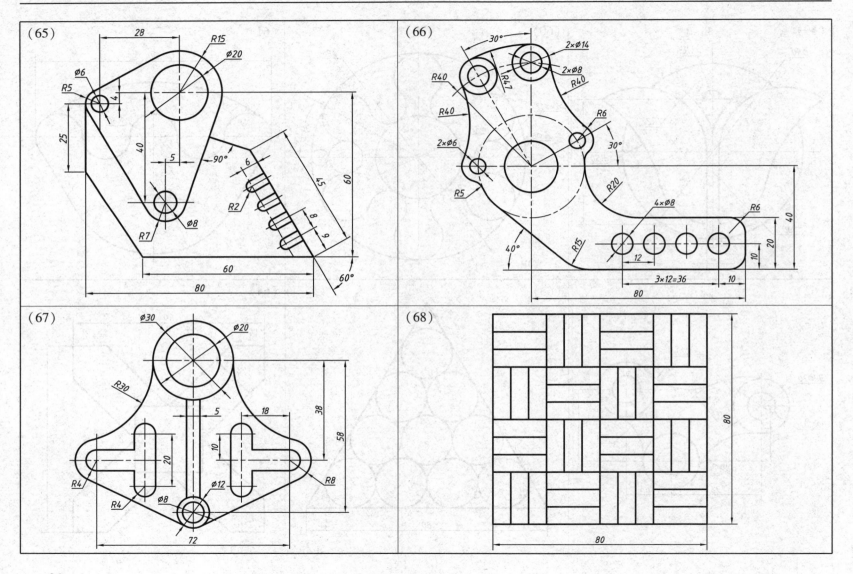

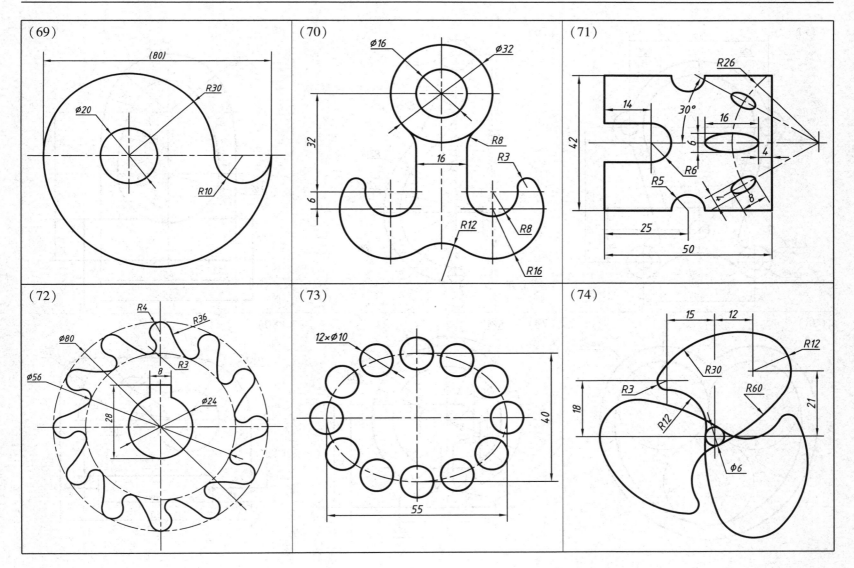

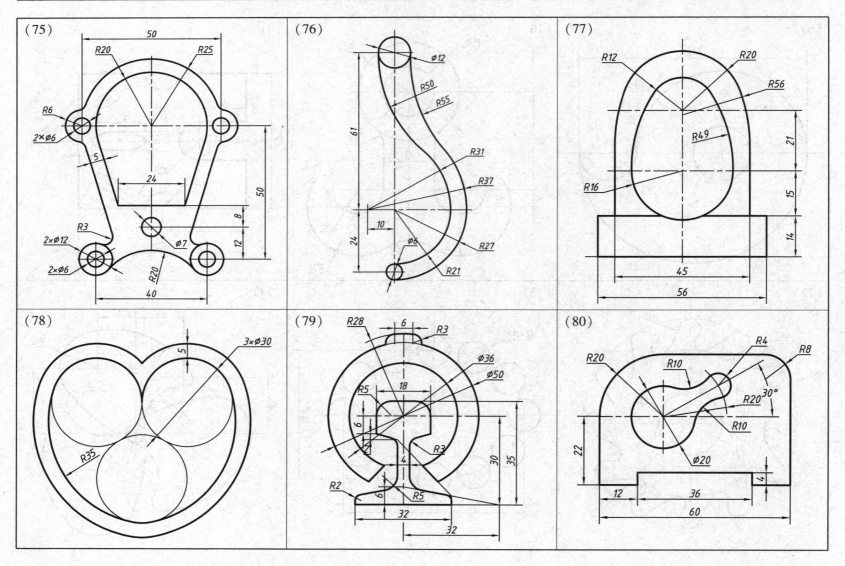

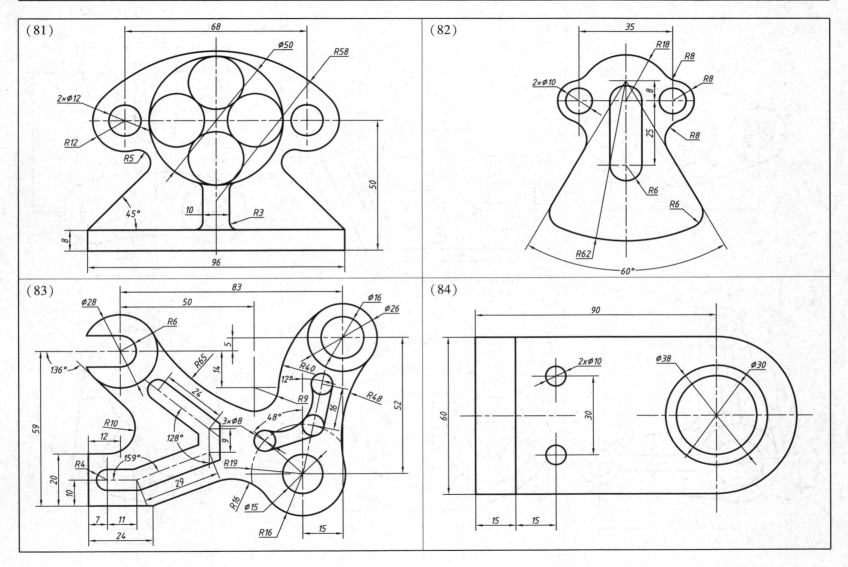

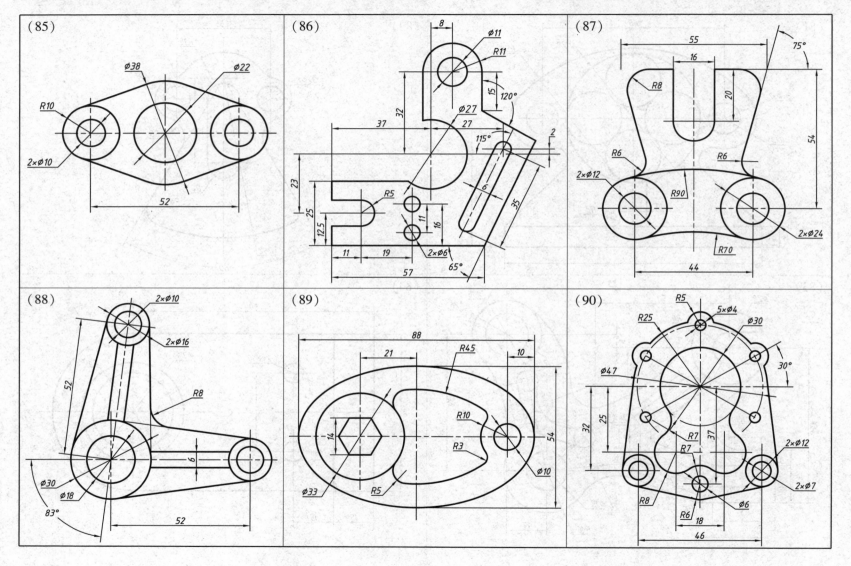

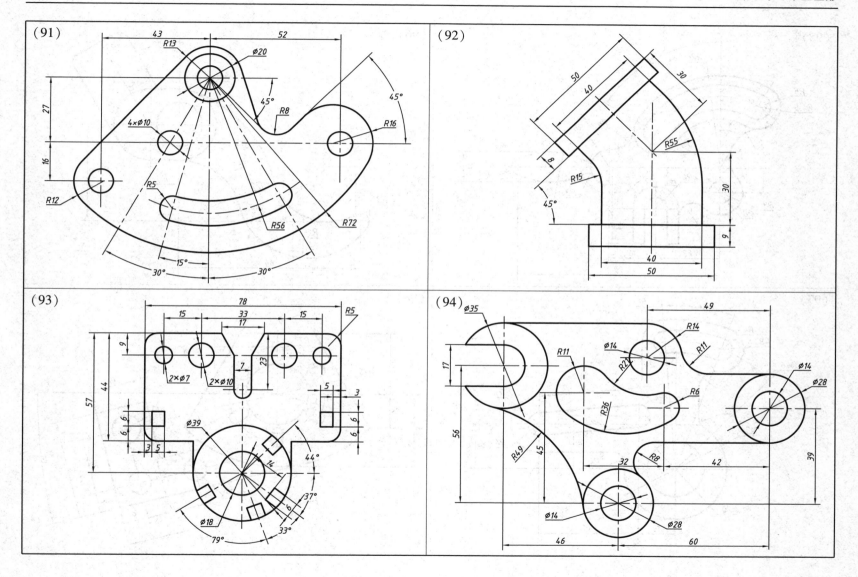

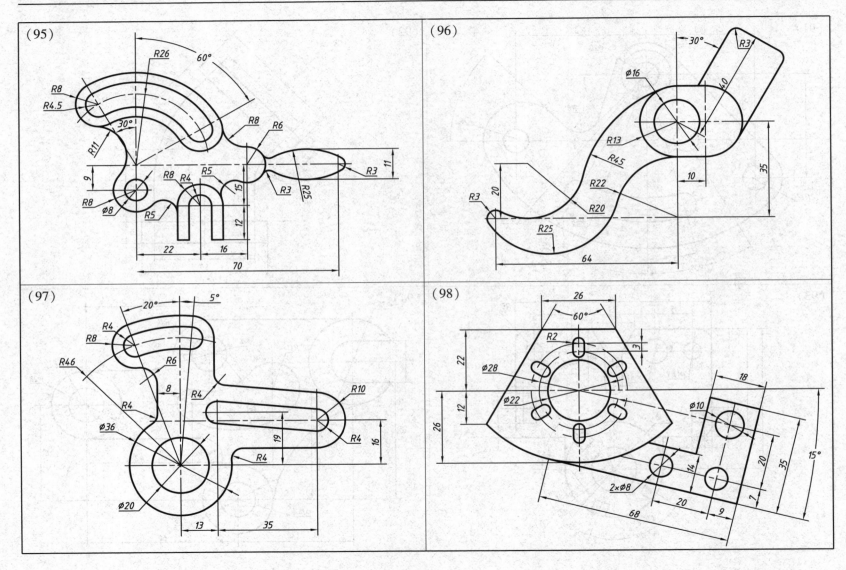

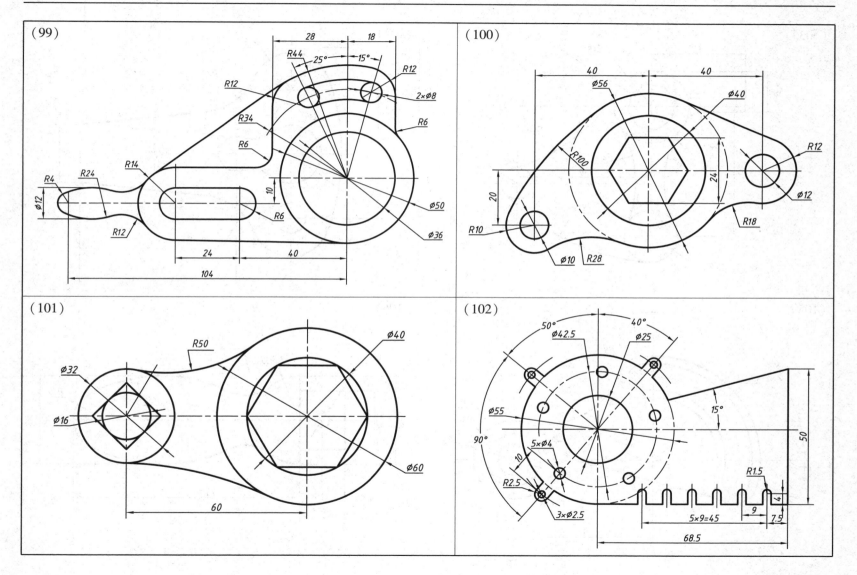

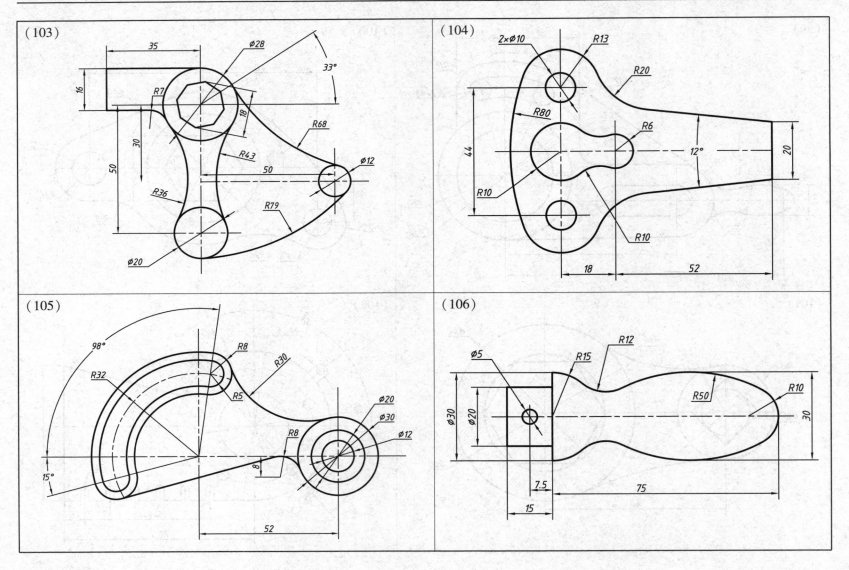

1.2 趣味绘图

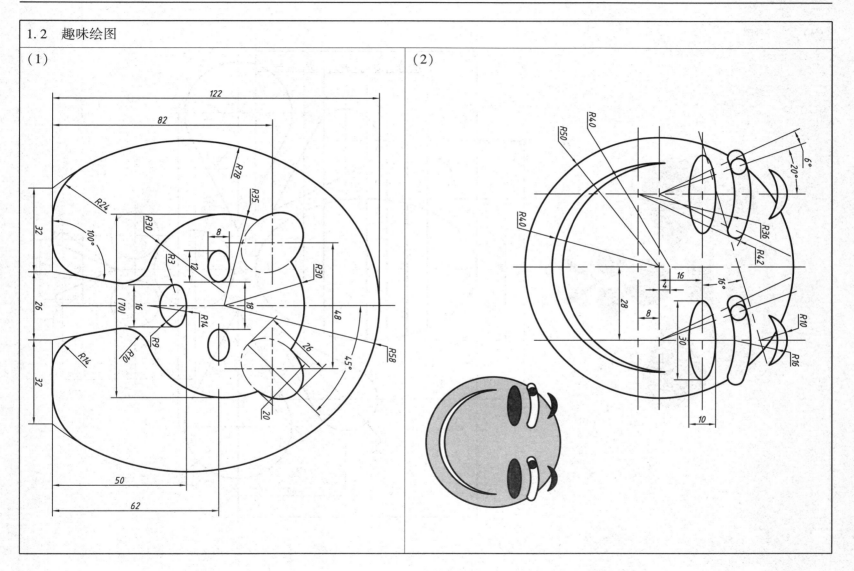

(3)

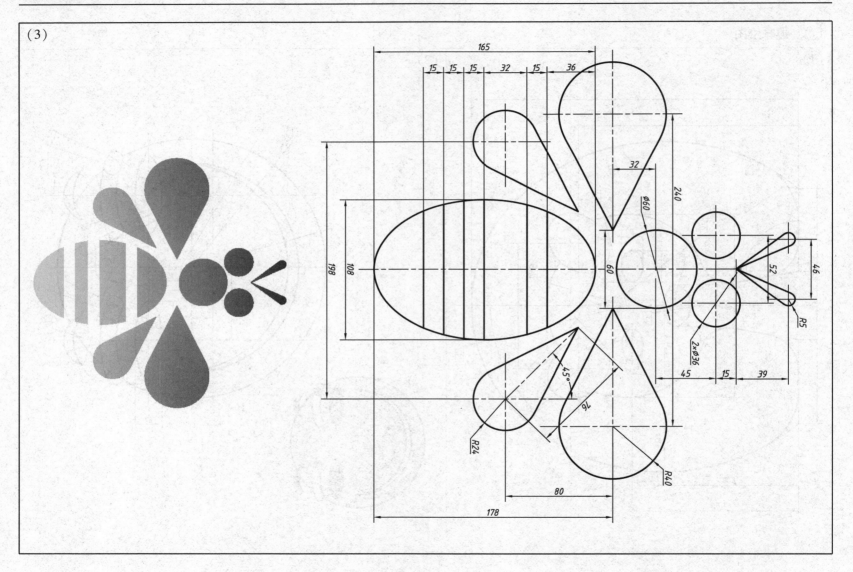

(4)

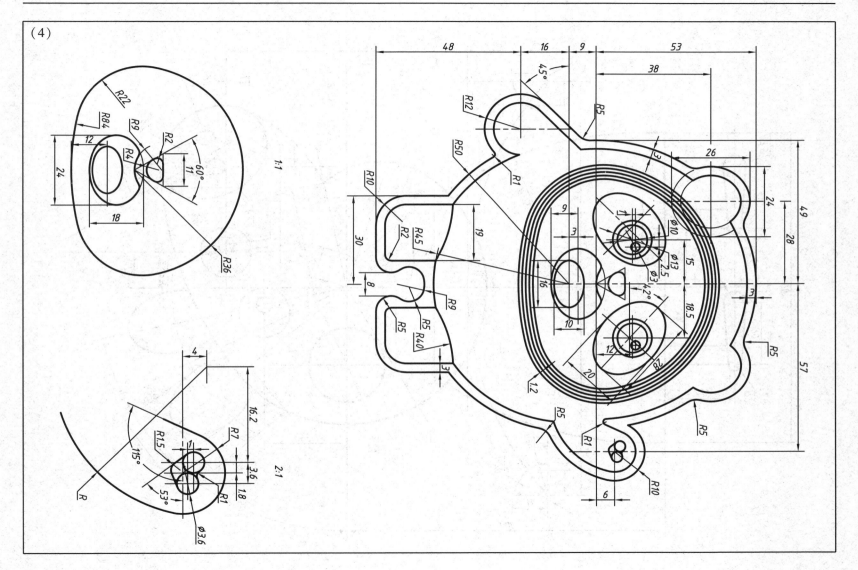

(5)
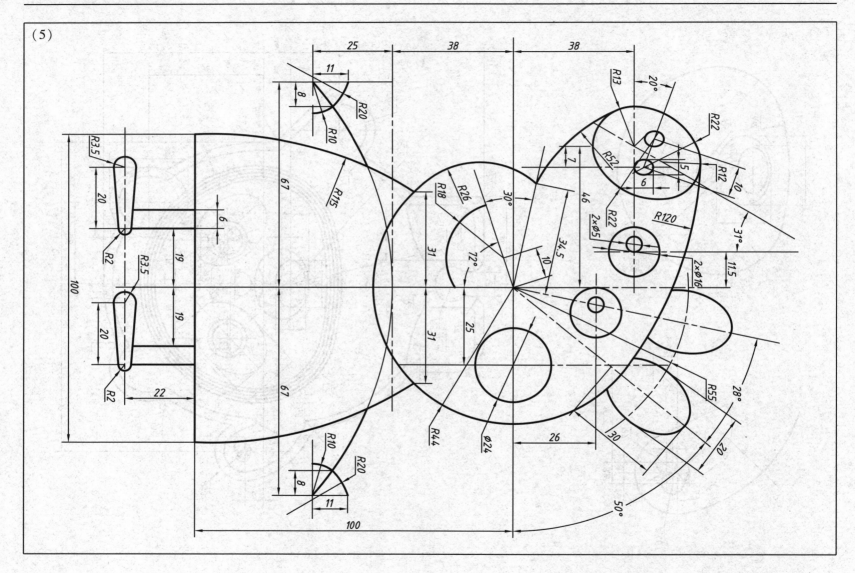

(6)

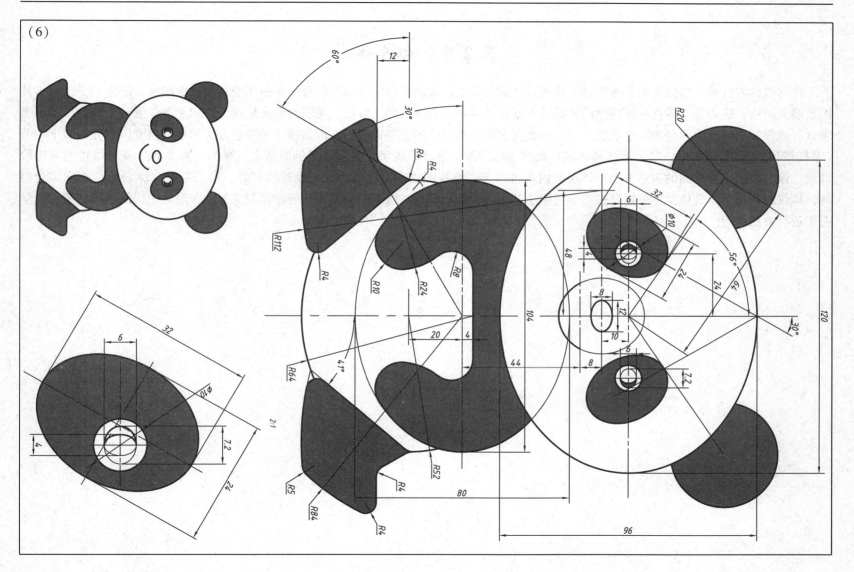

第 2 章 组合体

任何机械零件都可以抽象为若干个基本体通过切割和叠加而成的组合体，掌握组合体的视图绘制和三维建模，是进一步进行零件图绘制和阅读，进而建立零件三维模型的基础。本章提供多种组合体实例，多以三视图的形式呈现，适用于本科生日常教学、制图类考试、竞赛等训练，内容分为两个层次。第一层次提供每个组合体的完整视图，并根据视图的表达方式和难易程度，划分为两个小节（基础篇和进阶篇）。其中，第 1 节（基础篇）面向基础训练，该节给出每个组合体案例的基本三视图；第 2 节（进阶篇）面向进阶训练，该节提供多种视图的表达方案。该层次内容可用于二维视图绘制，也可用于三维建模训练。第二层次（综合篇）面向综合训练，即仅给出每个组合体案例的部分视图，可用于补全三视图后进行二维视图绘制或三维建模训练，并在附录中提供建模结果，供学习者进行对照练习。

2.1 基础篇

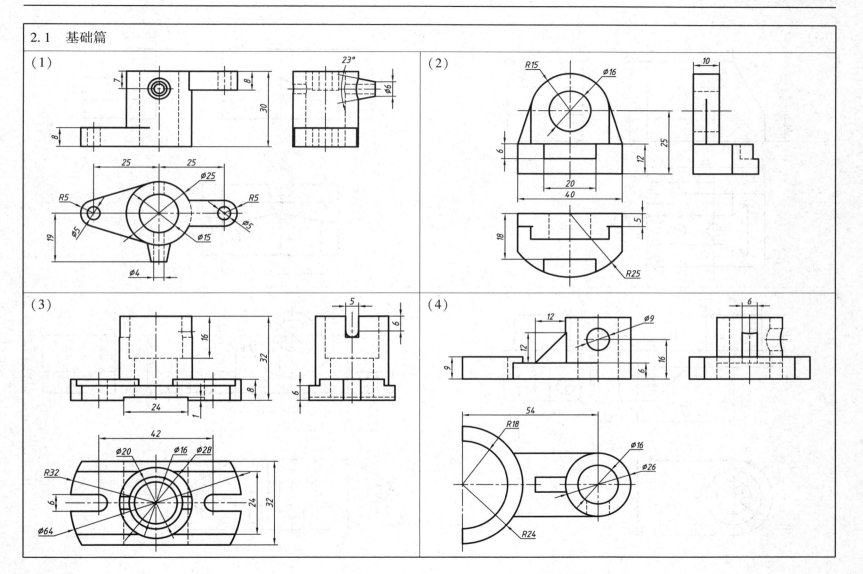

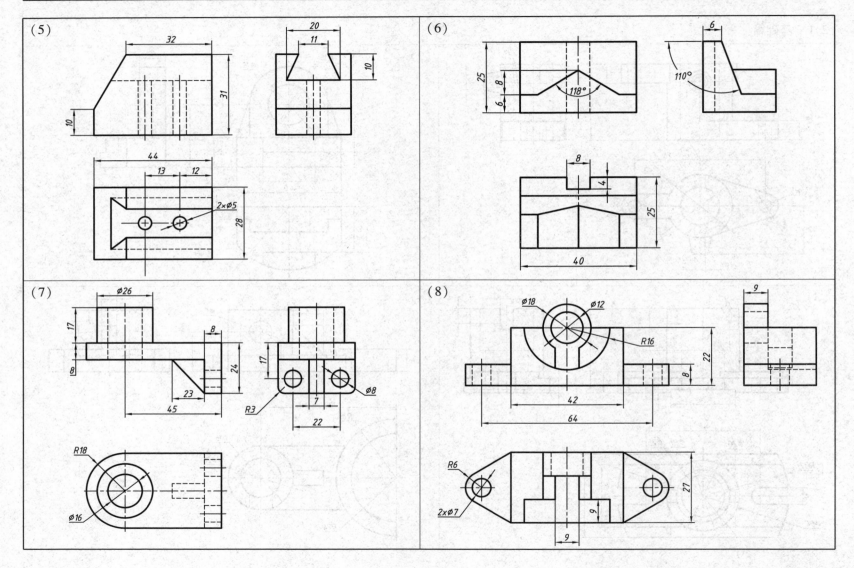

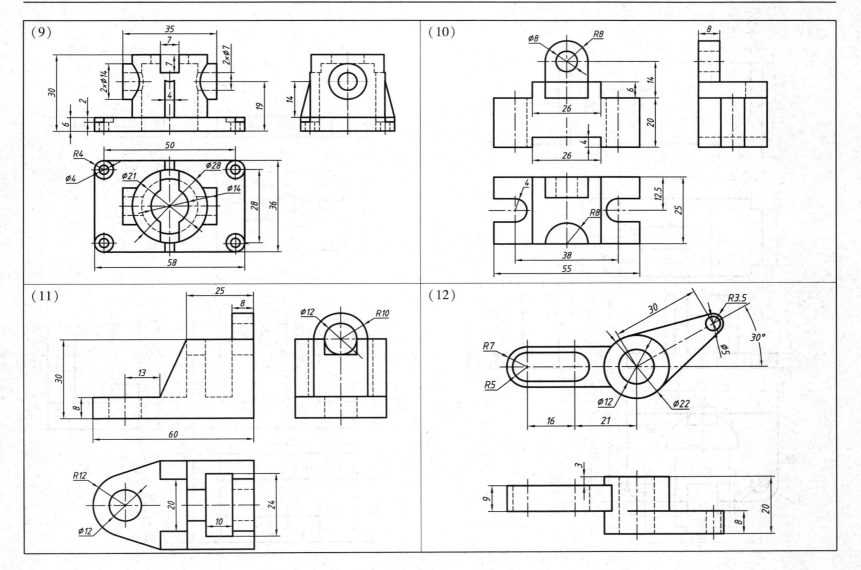

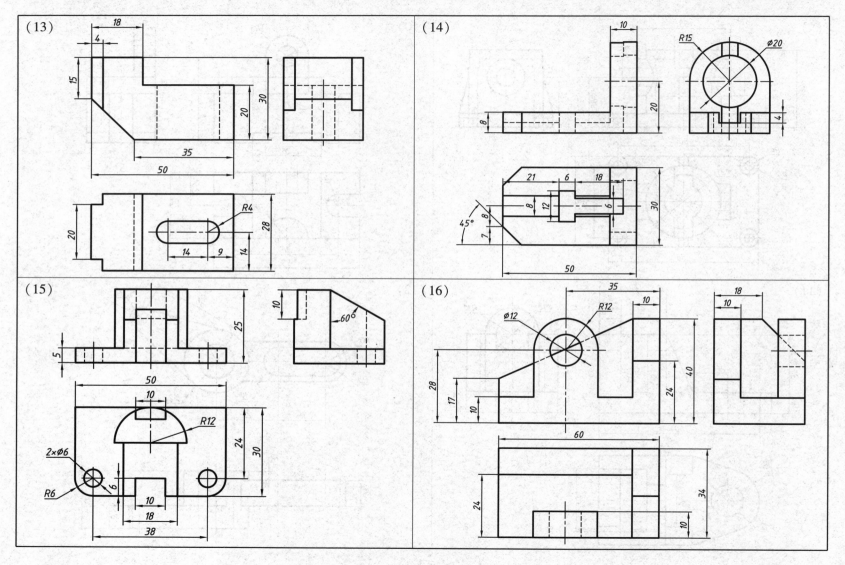

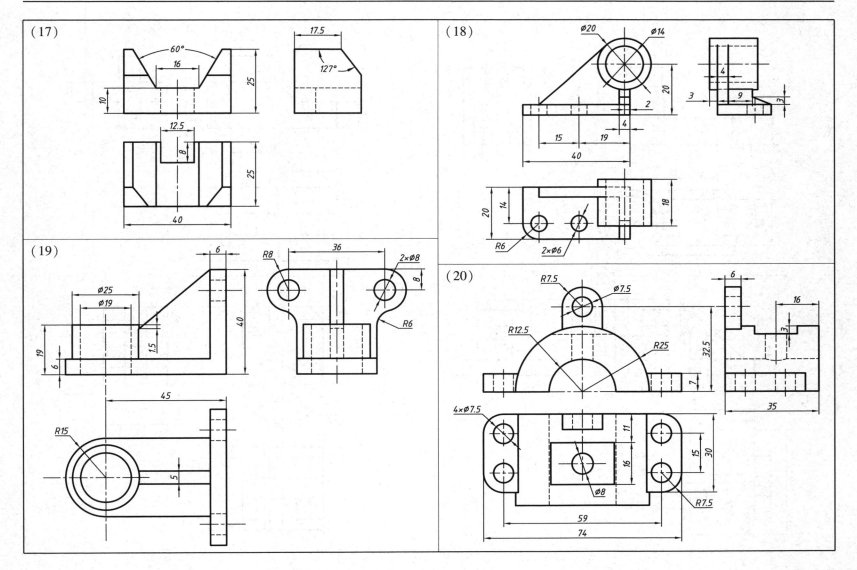

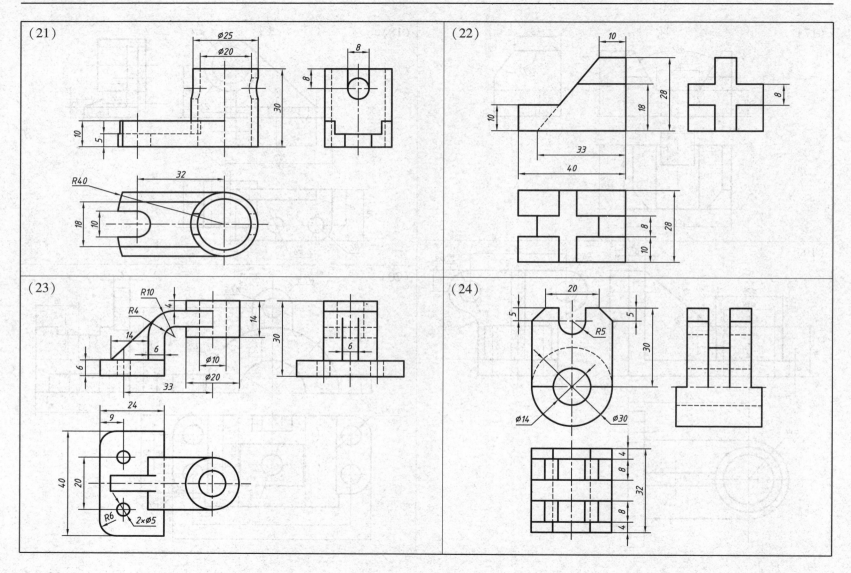

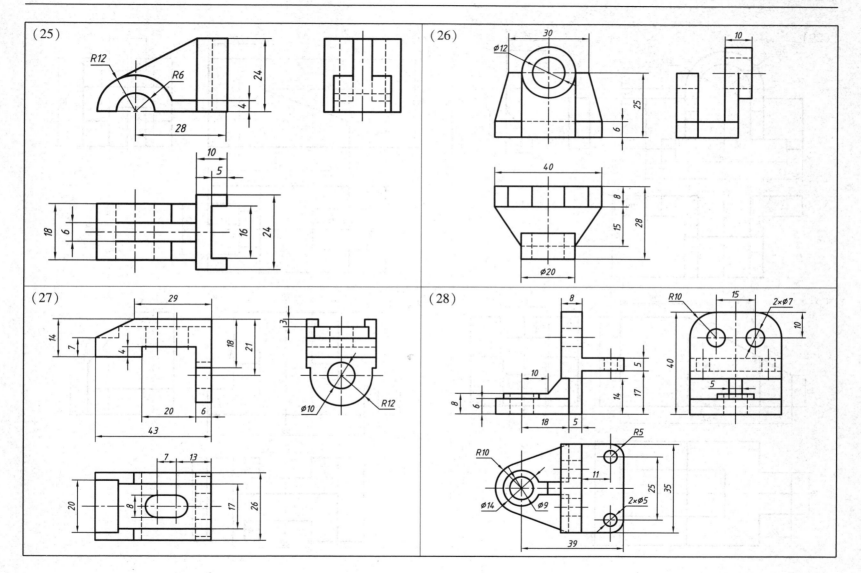

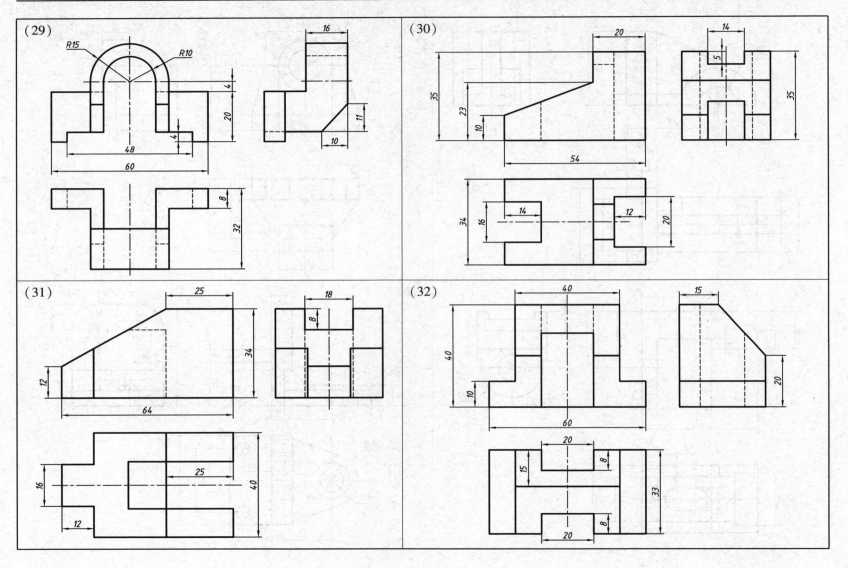

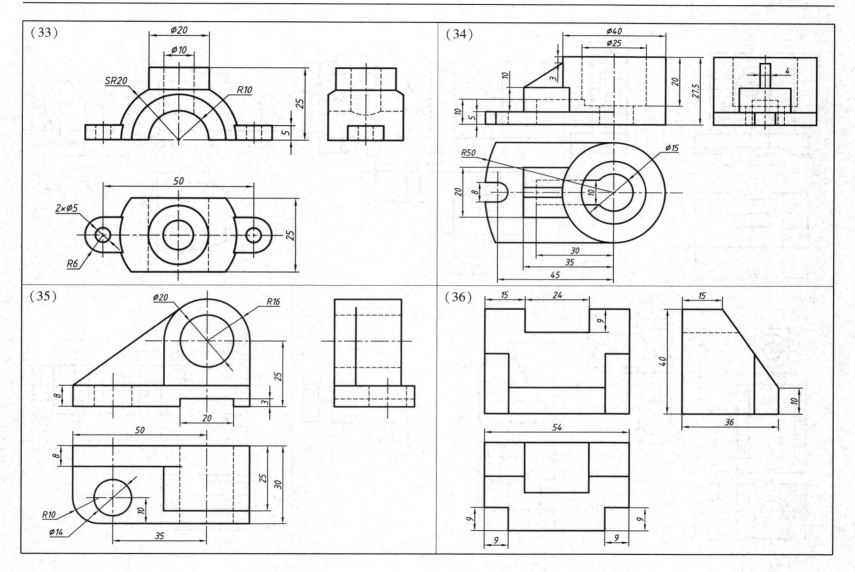

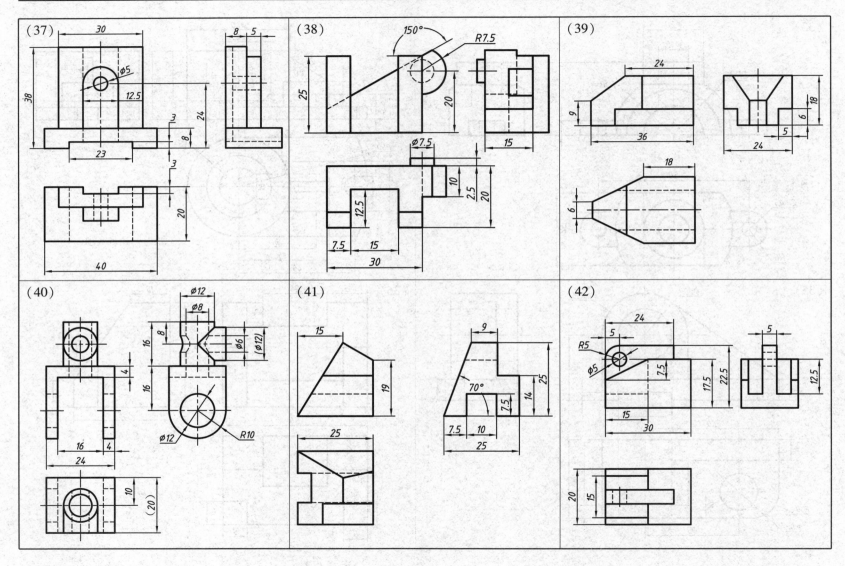

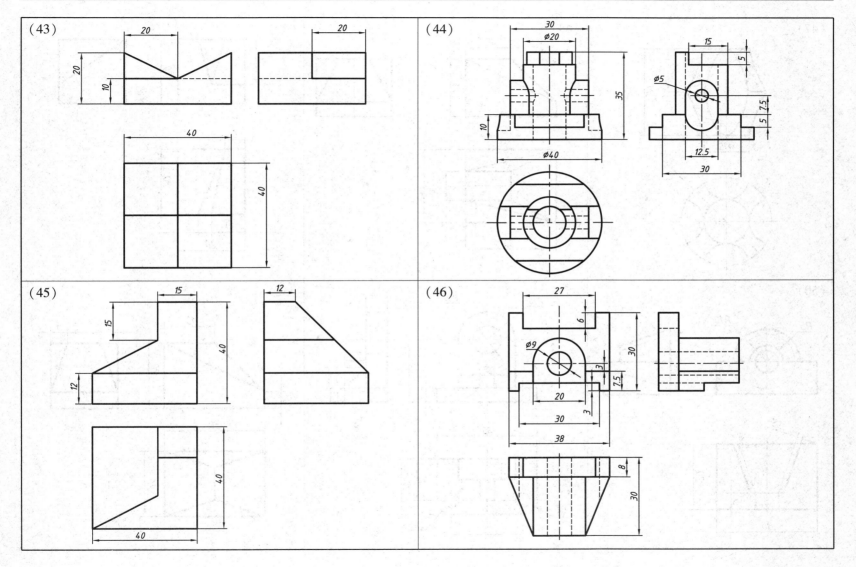

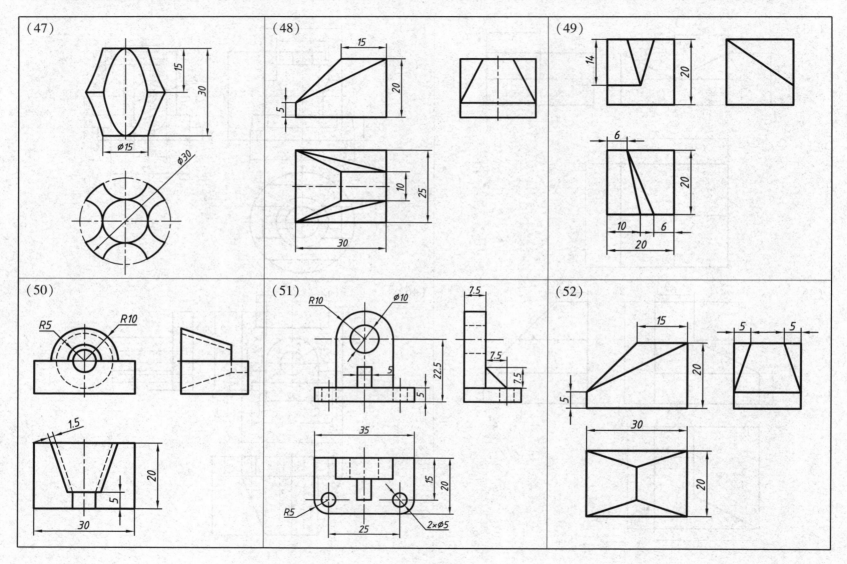

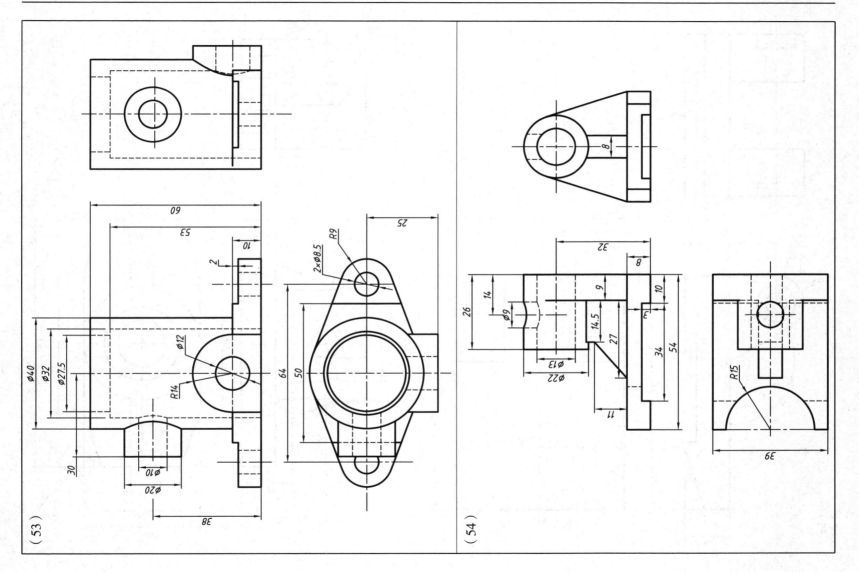

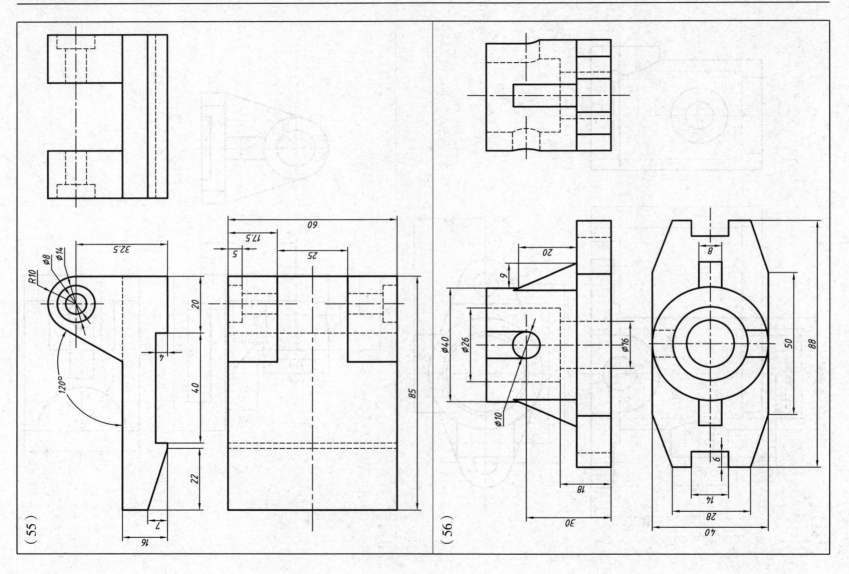

2.2 进阶篇

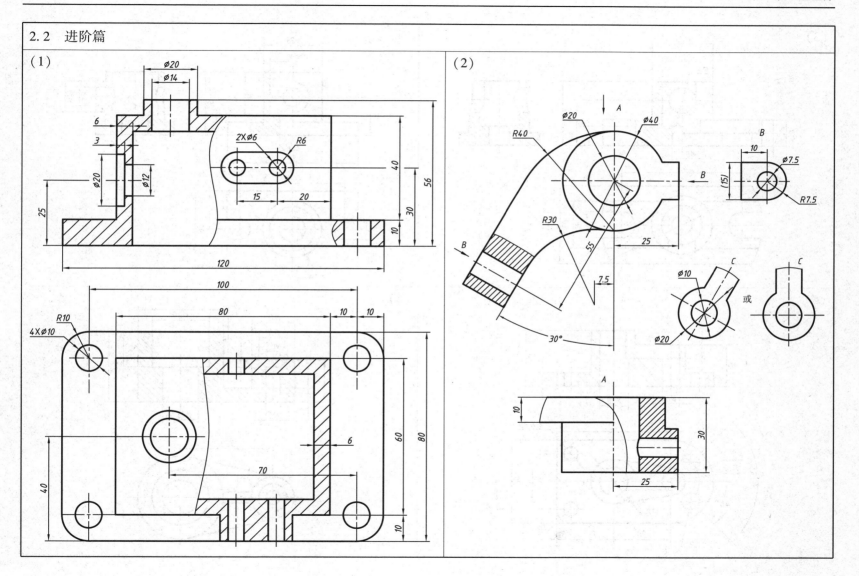

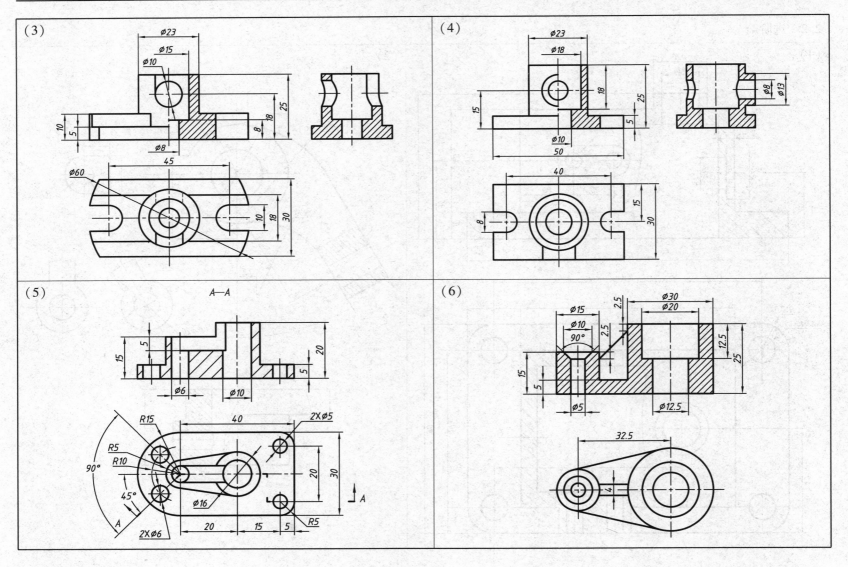

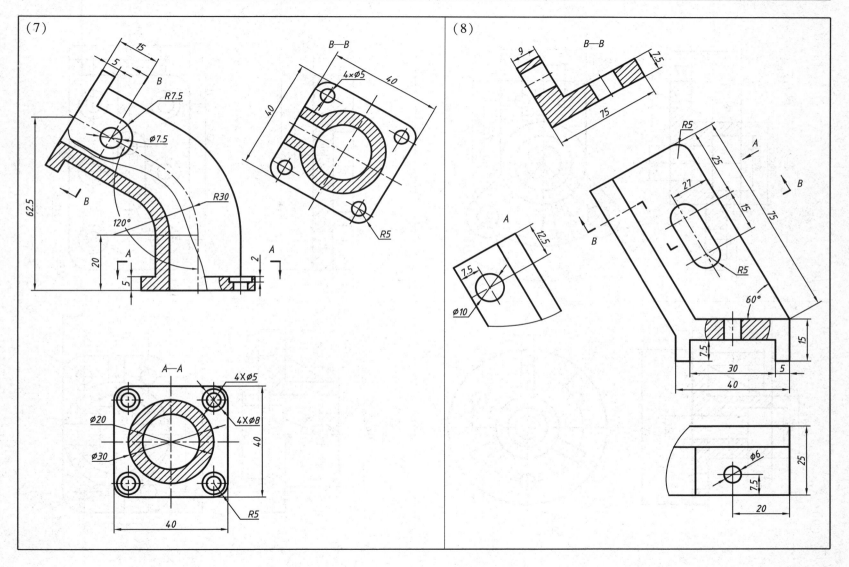

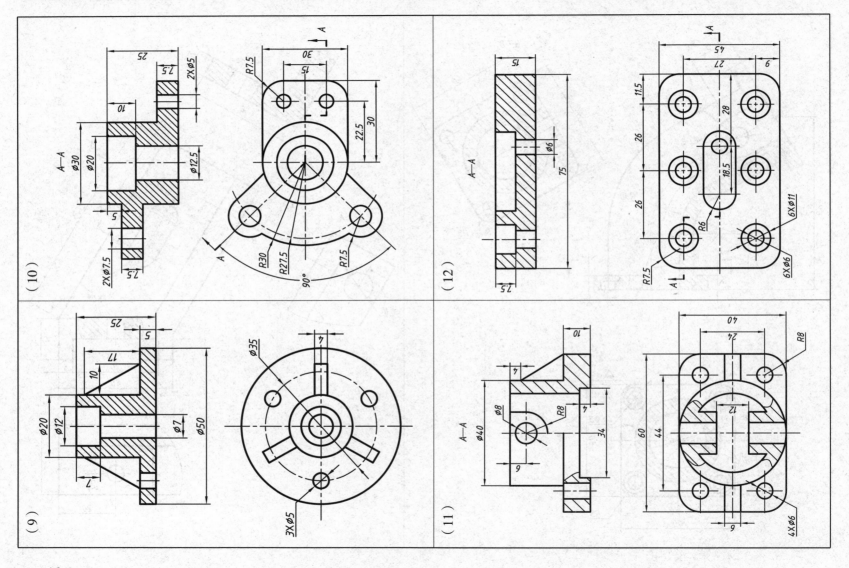

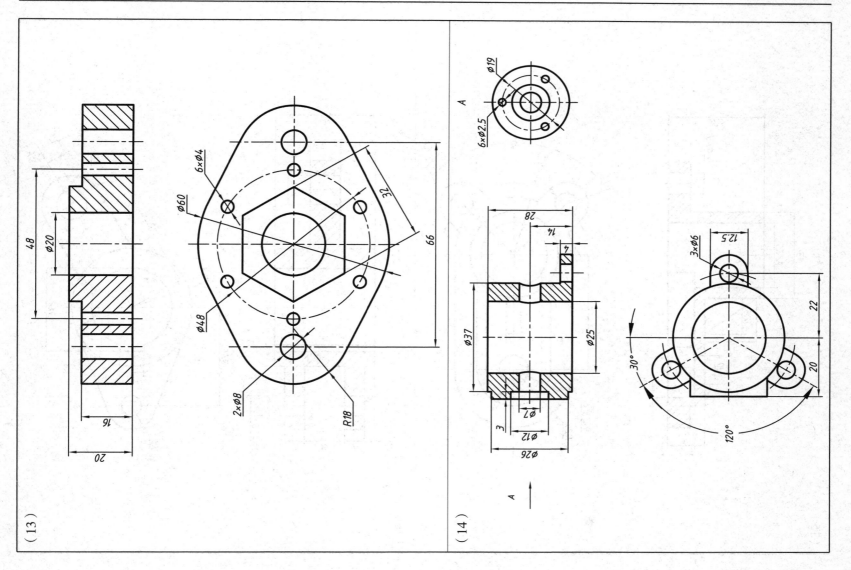

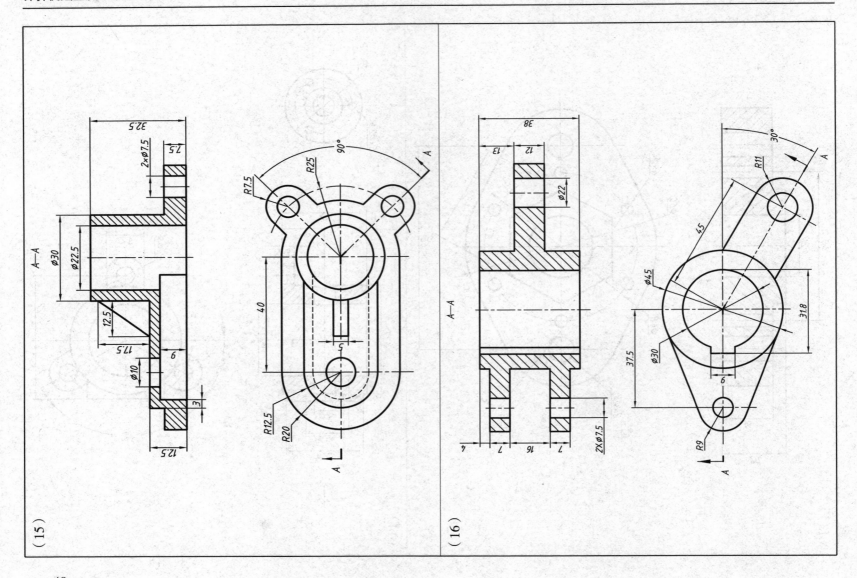

2.3 综合篇

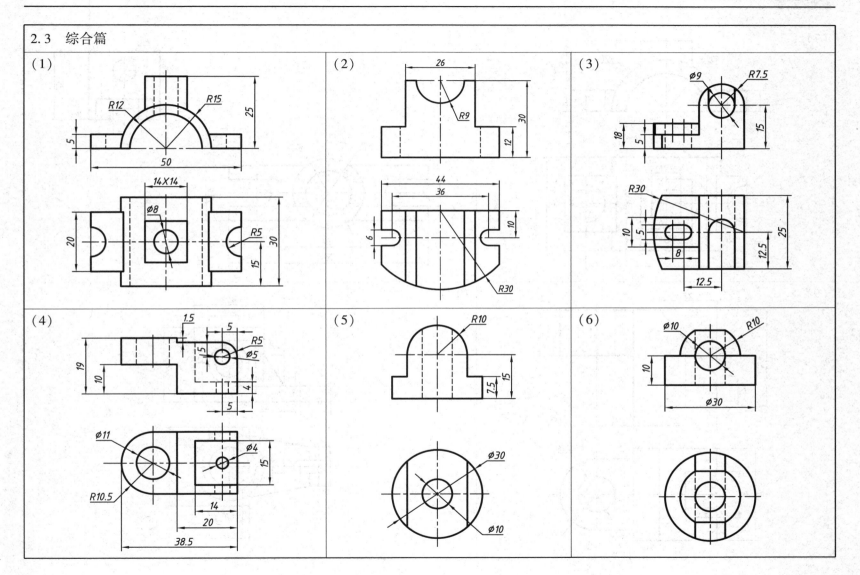

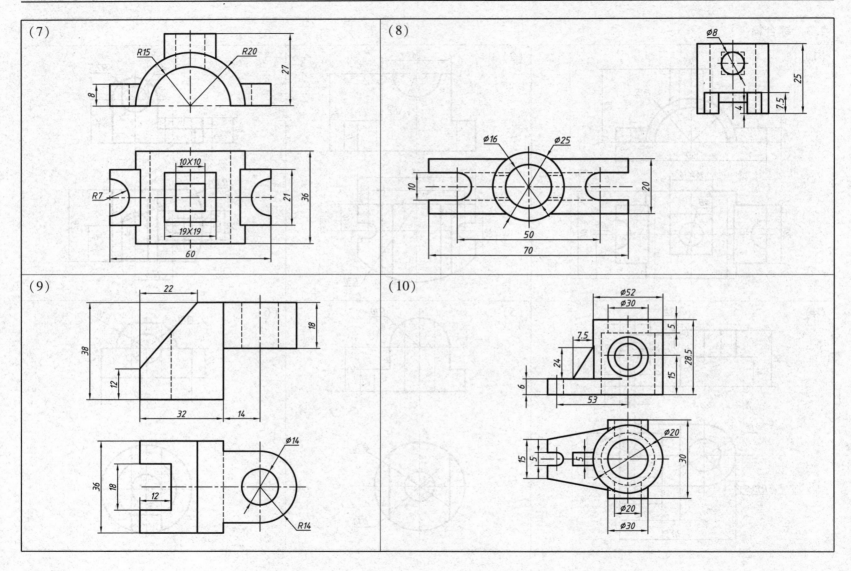

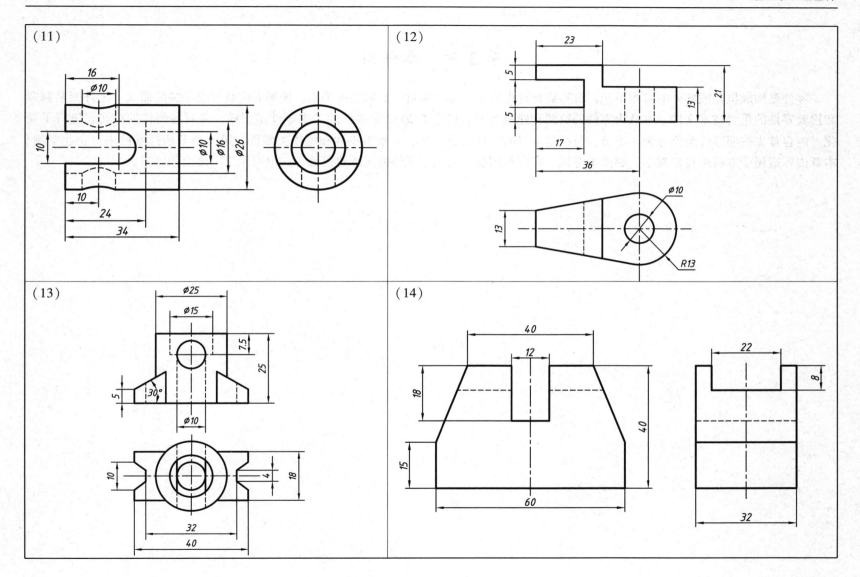

第 3 章 零件图

零件是构成机器或部件的基本单元,机器或部件由若干个零件通过一定的装配关系,按照对应技术要求装配而成,零件图是制造和检验零件的重要技术文档。本章为零件的绘图和建模练习,精选了 20 余套零件的二维零件图图样,并对各图样的标题栏进行了简化。内容首先按照零件类型分为 4 小节,包括基本结图、盘盖类零件、叉架类零件和箱体类零件;第 5 小节所选零件来自企业案例。本章内容适用于本科生日常教学、制图类考试、竞赛等训练,可用于零件的三维建模练习,也可用于二维绘图练习。

3.1 基本绘图
3.1.1 轴

3.1.2 心轴

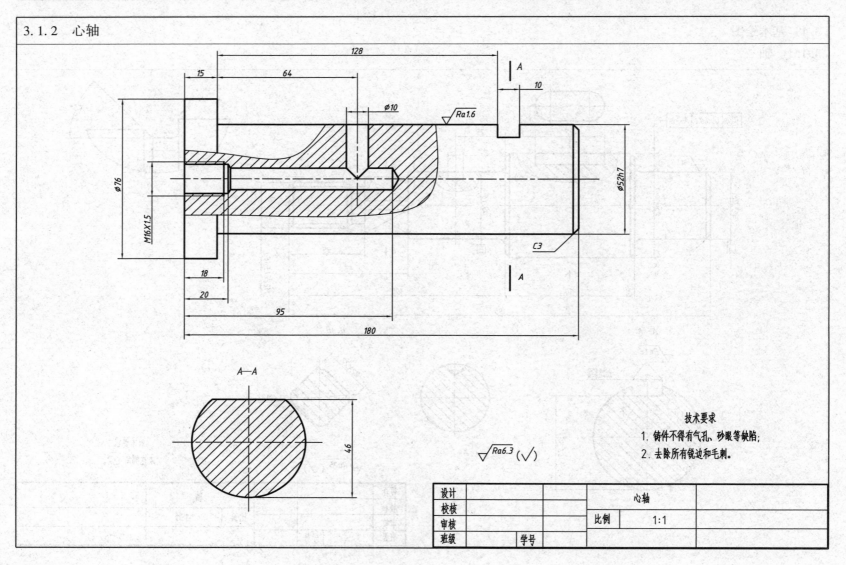

3.1.3 阀杆1

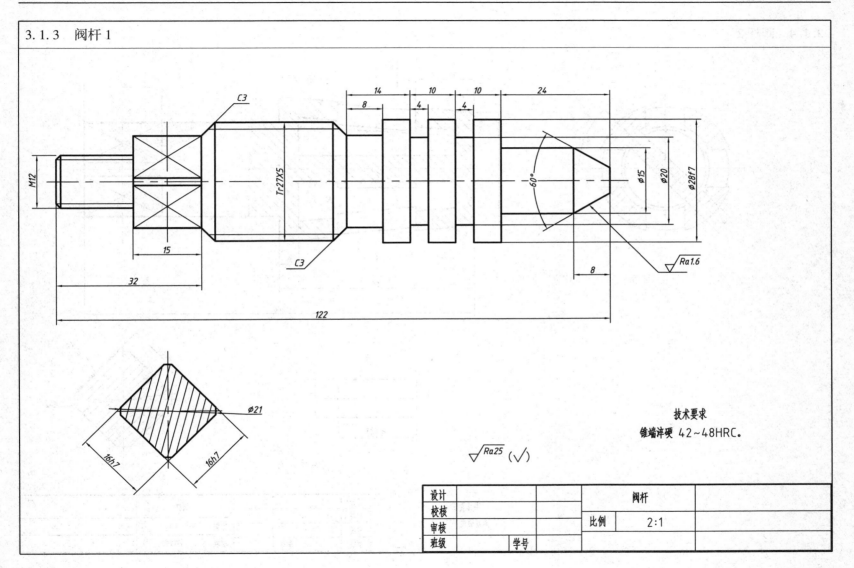

3.1.4 阀杆 2

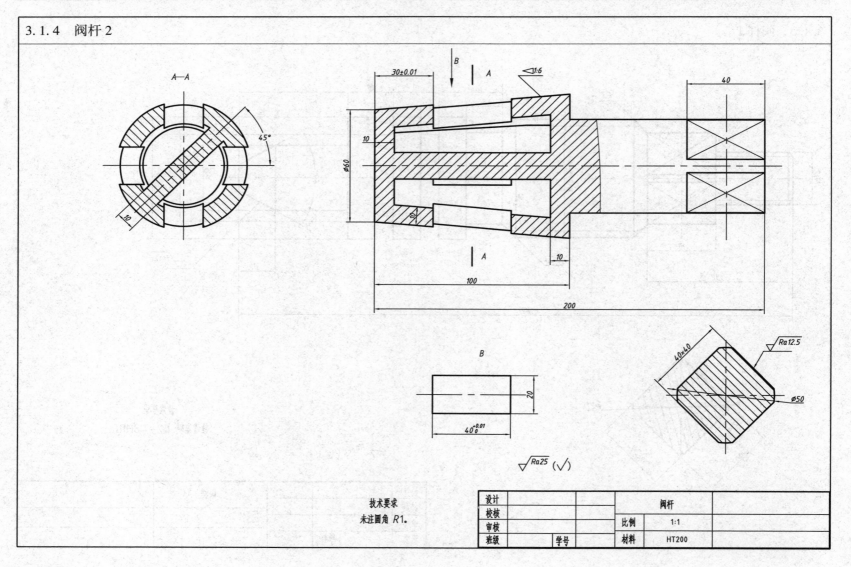

3.1.5 导杆

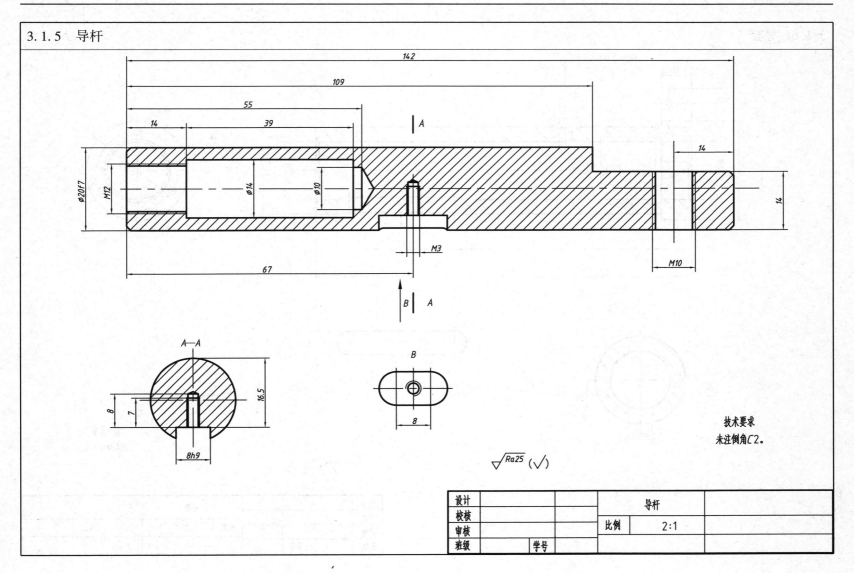

3.1.6 导套

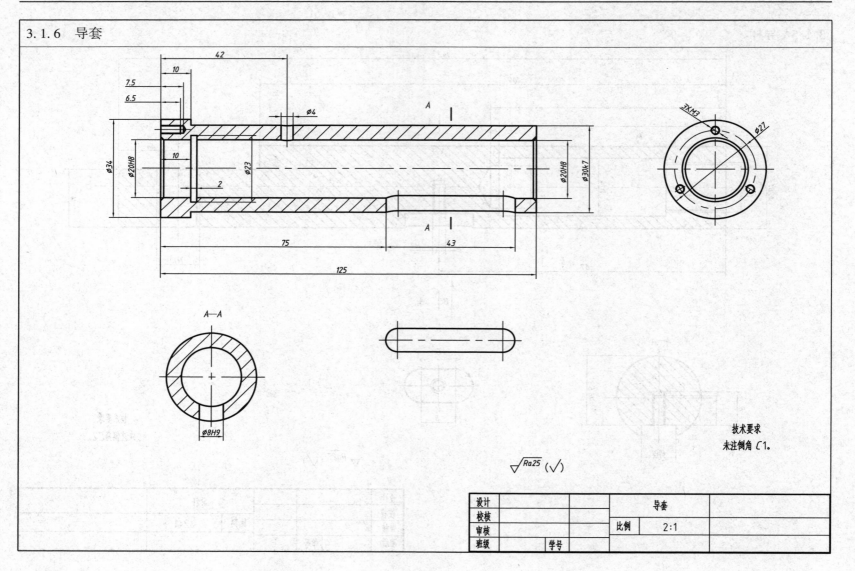

3.2 盘盖类零件
3.2.1 阀盖

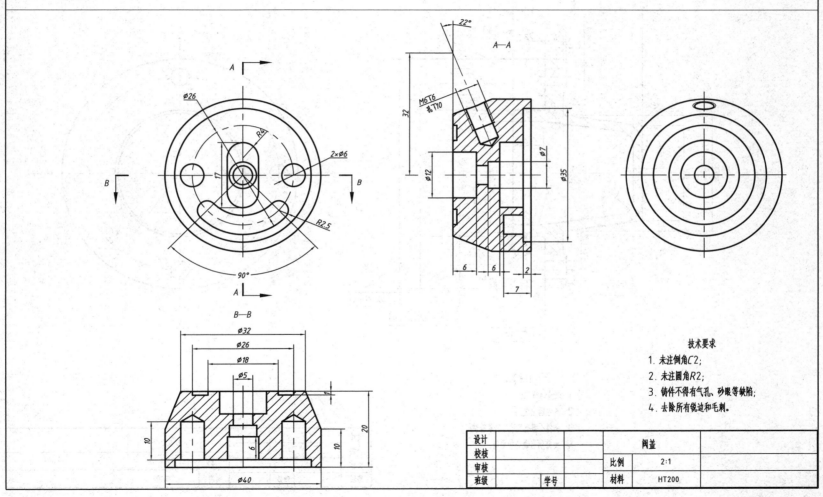

3.2.2 后盖

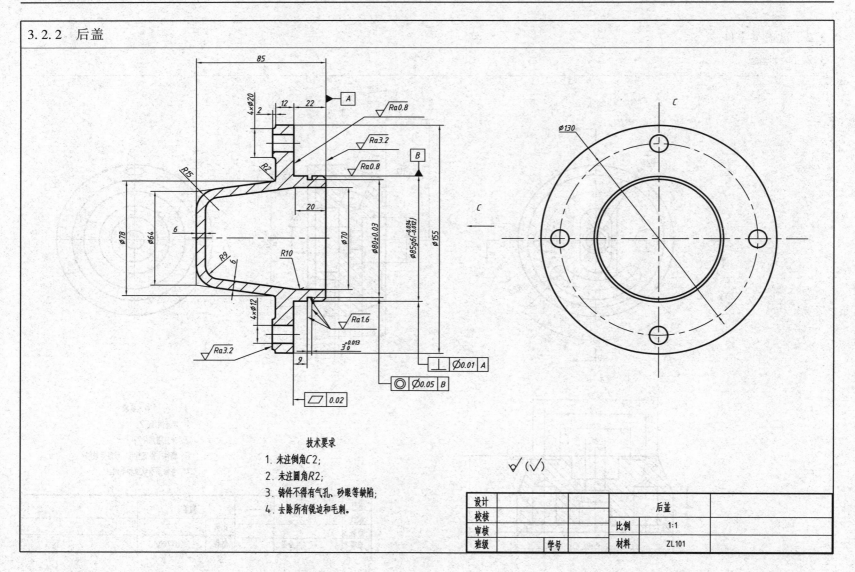

3.2.3 上盖

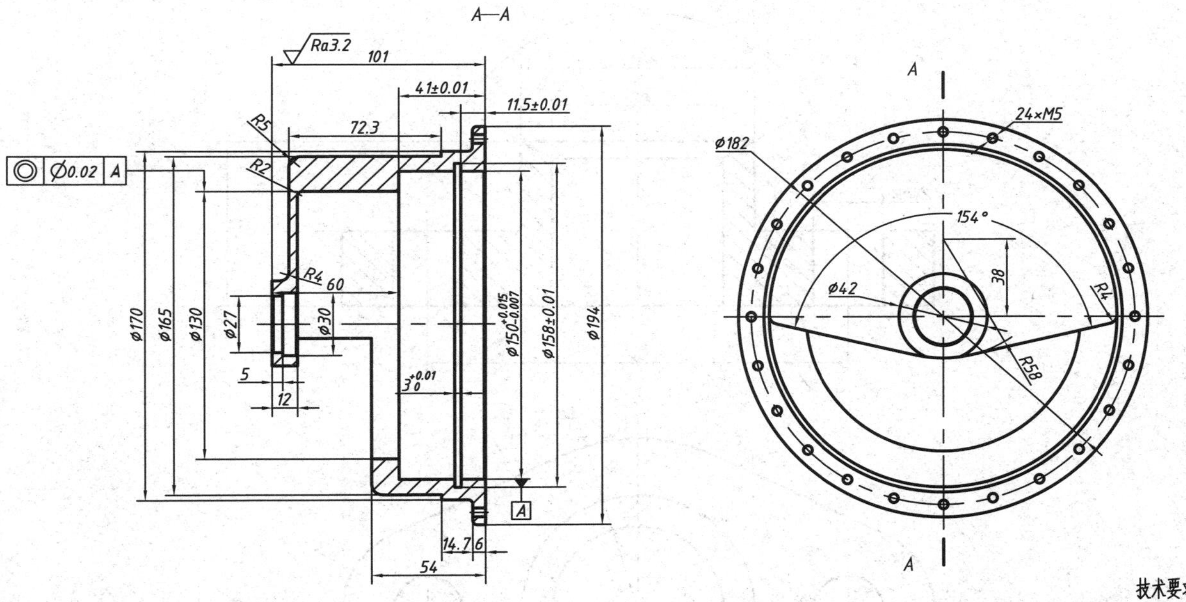

技术要求

1.未注铸造圆角R2~R5；

2.铸造不得有气孔、砂眼、裂纹等缺陷；

3.未注倒角C1；

4.铸件需经人工时效处理。

Ra25 (√)

设计			上盖		
校核					
审核			比例	1:2	
班级	学号		材料	HT200	

3.2.4 填料压盖

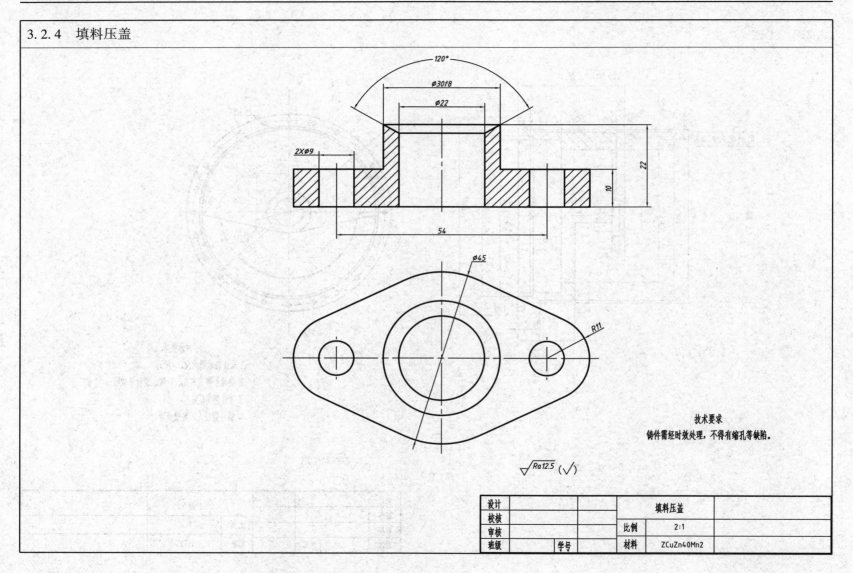

3.2.5 上端盖

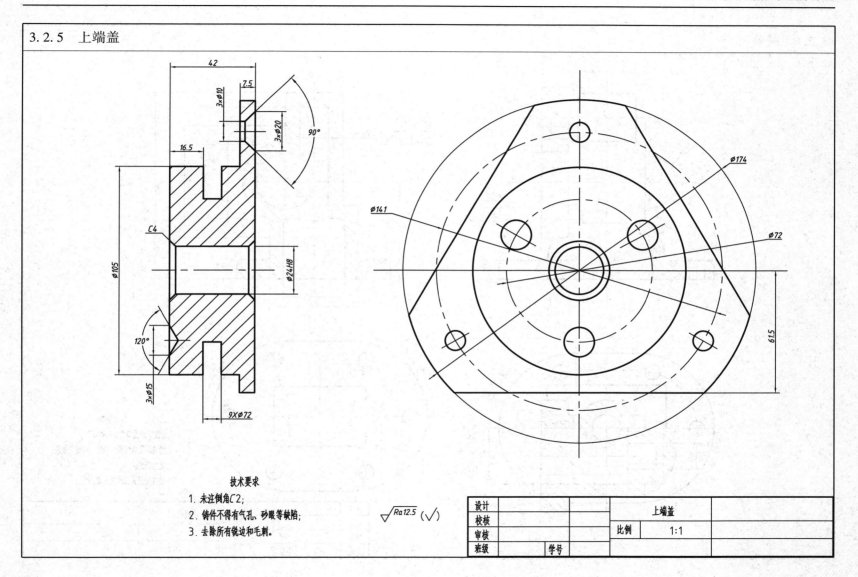

3.2.6 阀盖

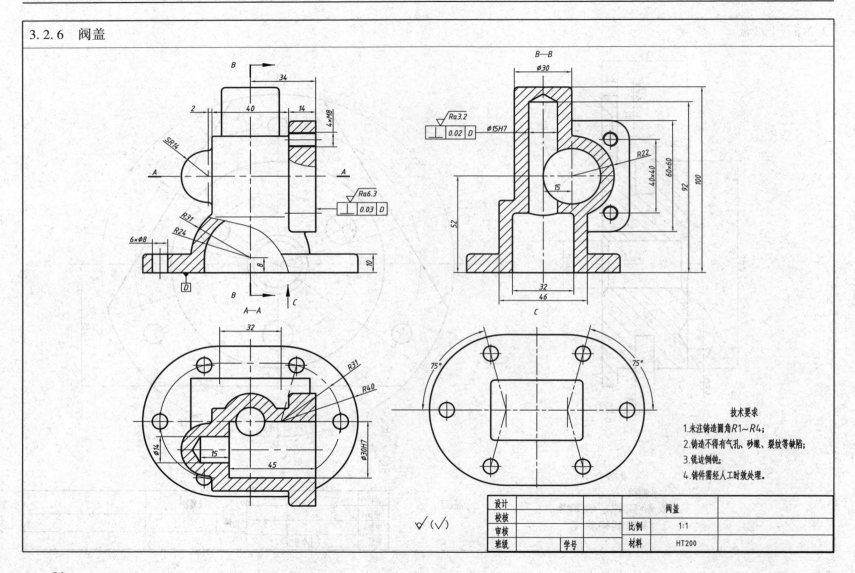

3.3 叉架类零件
3.3.1 主轴架

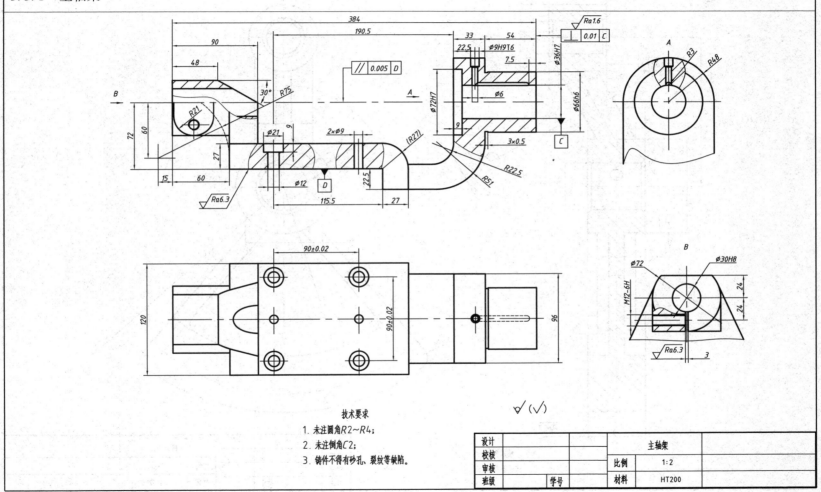

3.3.2 曲柄

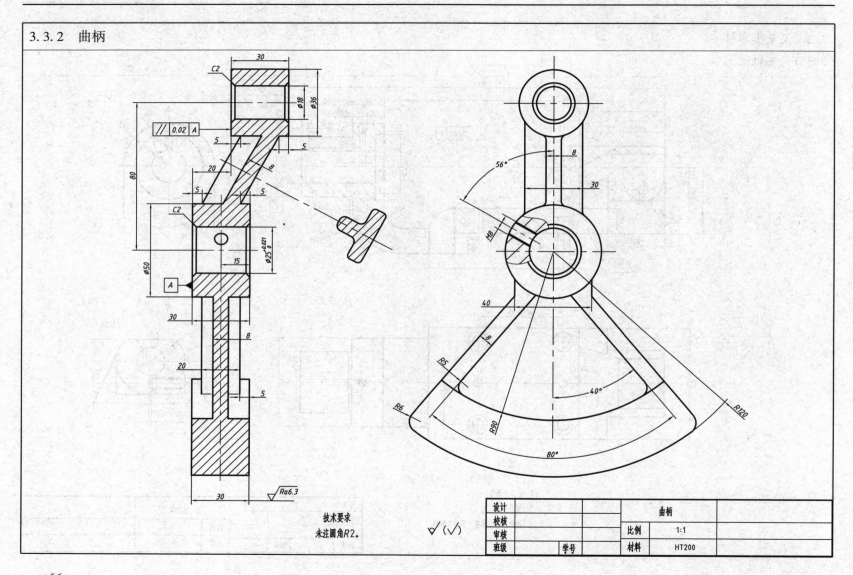

3.3.3 支架1

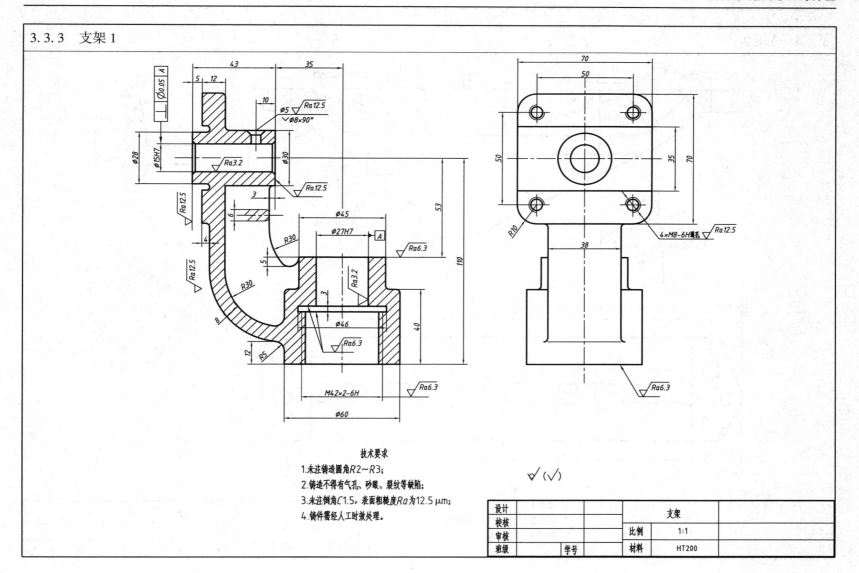

3.3.4 支架 2

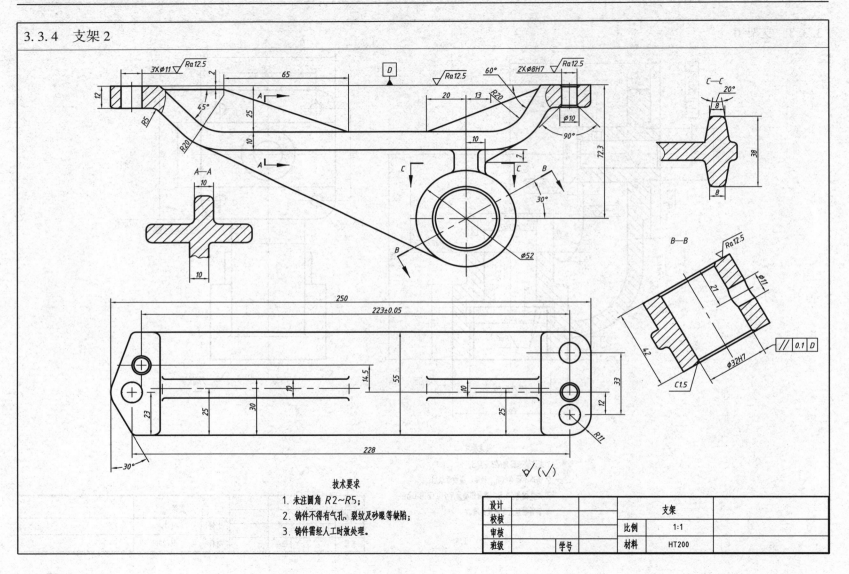

技术要求
1. 未注圆角 R2~R5；
2. 铸件不得有气孔、裂纹及砂眼等缺陷；
3. 铸件需经人工时效处理。

3.3.5 弯管

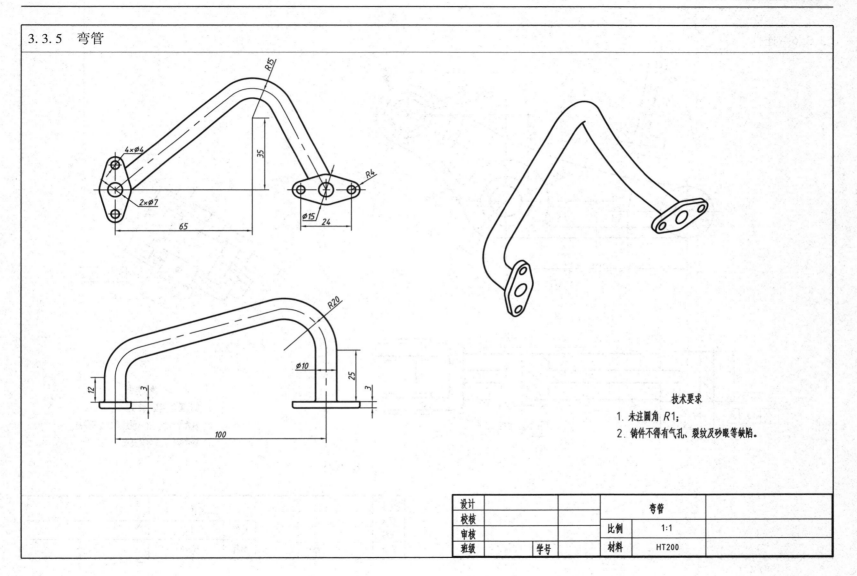

技术要求
1. 未注圆角 R1；
2. 铸件不得有气孔、裂纹及砂眼等缺陷。

3.3.6 连杆

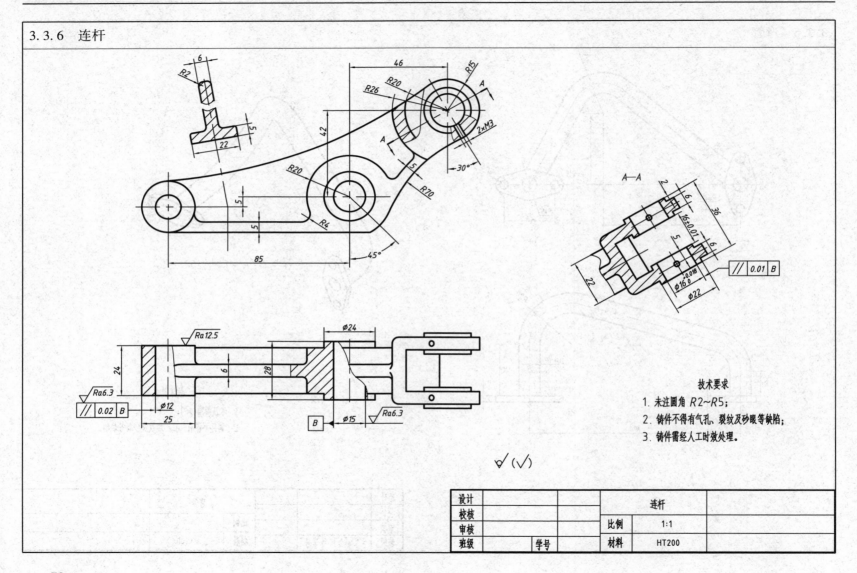

3.4 箱体类零件
3.4.1 缸体

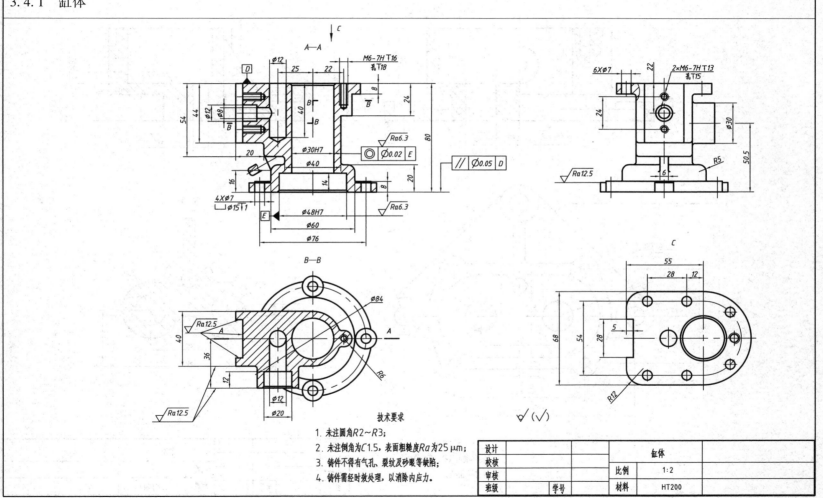

3.4.2 泵体

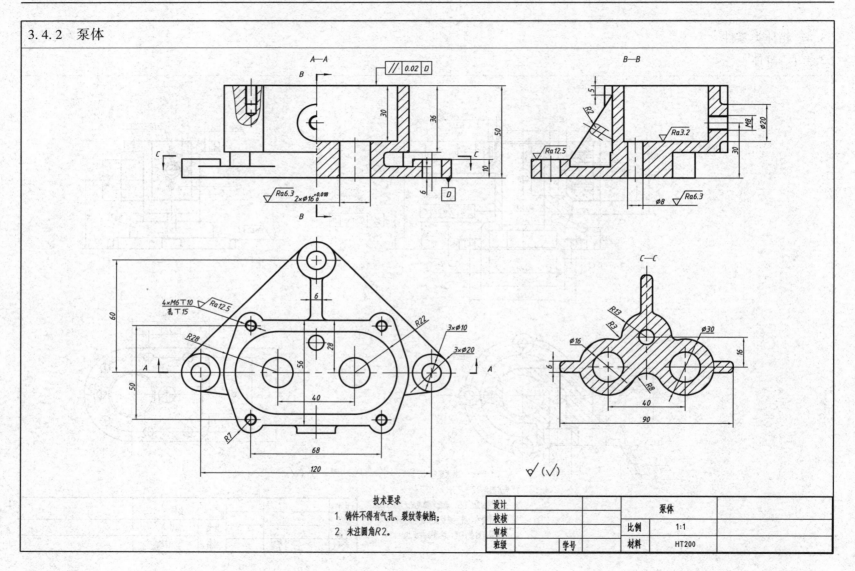

3.4.3 蜗轮壳

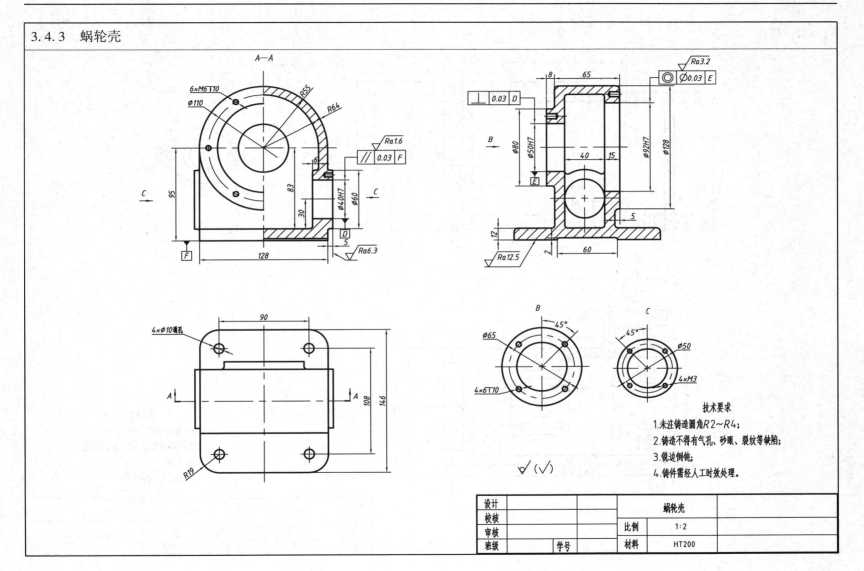

3.4.4 箱体

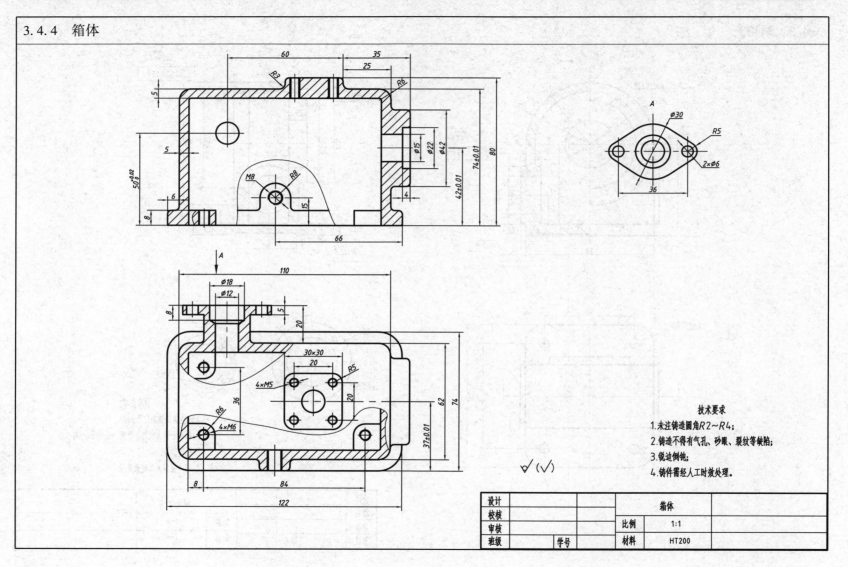

3.4.5 阀体

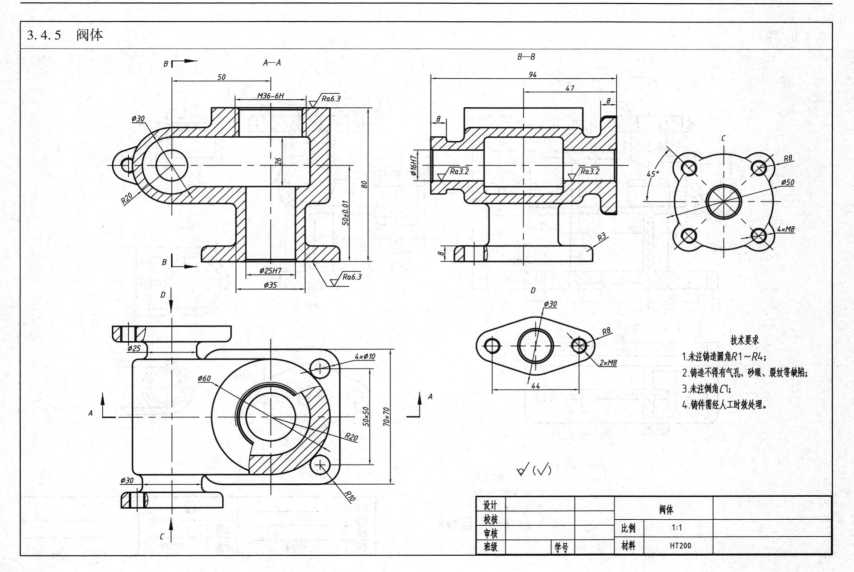

3.4.6 泵缸

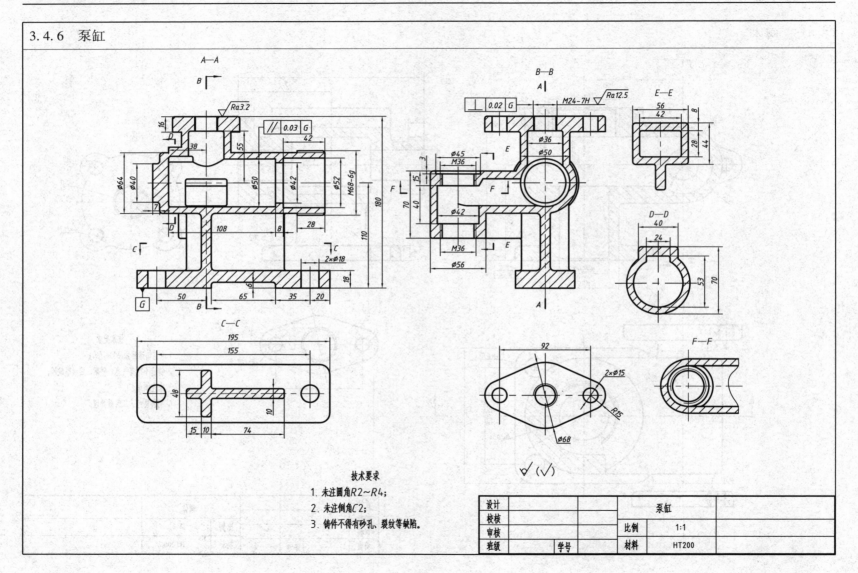

3.5 工程实例
3.5.1 拧紧驱动轴

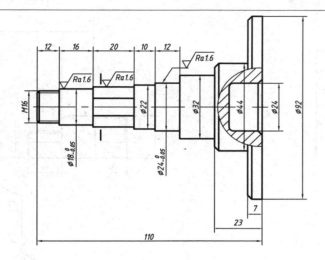

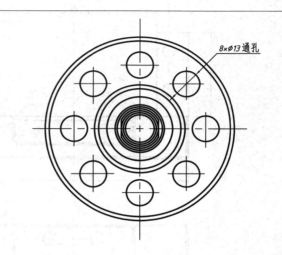

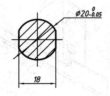

技术要求
1. 锐边倒钝，去毛刺；
2. 未注倒角C1，未注圆角R0.5~R1；
3. 未注公差按GB/T1804—m，
   未注形位公差按GB/T1184—k；
4. 调质处理。

设计				
制图		拧紧驱动轴		
校核		比例	1:1	
审核		材料	45	

3.5.2 舵机固定支架

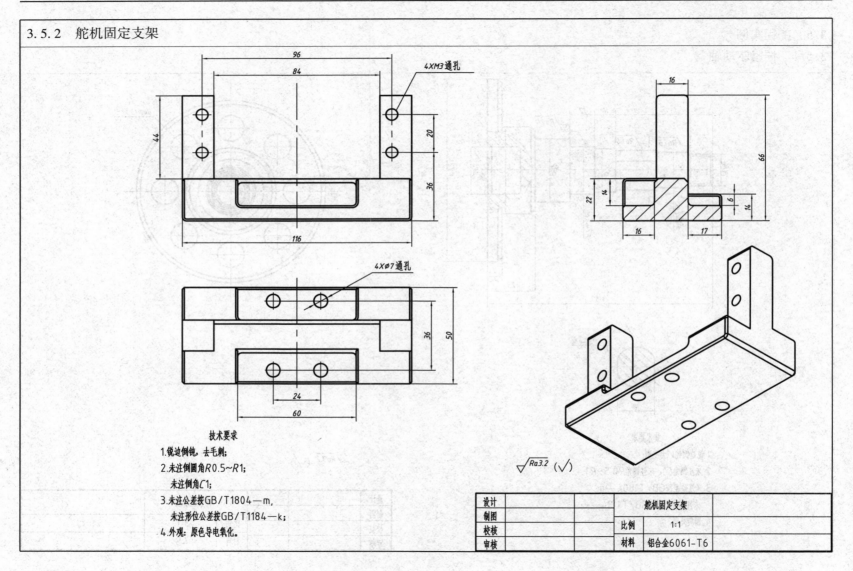

3.5.3 拧紧主动轮

模数	2
齿数	17
压力角	20°
精度等级	7级

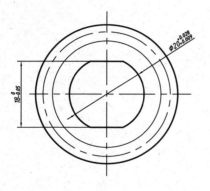
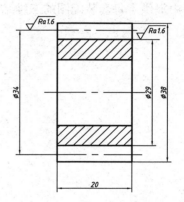

技术要求
1. 未注公差按GB/T1804—m，
   未注形位公差按GB/T1184—k；
2. 去尖角毛刺，未注倒角C0.5，齿顶倒角R0.2；
3. 调质处理。

$\sqrt{Ra3.2}$ ($\sqrt{}$)

设计		拧紧主动齿轮	
制图			
校核		比例	1:2
审核		材料	45

第4章 装配图

装配图是用来表达机器或部件工作原理、零件间装配关系、安装尺寸和技术要求的工程图样，是装配和检验机器或部件的重要技术文档。本章为装配图练习，共提供9套机器或部件的CAD图纸，并对各图纸的标题栏、明细栏等进行了简化。对于每个案例，首先对其结构、功能和工作原理等方面进行简要介绍；之后，按照设计和测绘机器或部件的一般过程，先给出装配图，随后提供对应各零件的零件图。本章内容适用于本科生日常教学、制图类考试、竞赛等训练，可用于三维建模练习，也可用于二维绘图练习。为便于学习者对照，在附录中提供了每套装配图的三维结构图。

4.1 千斤顶
4.1.1 简介

千斤顶是一种手动起重支承装置，主要用于厂矿、交通运输等领域，作为车辆修理及其他起重、支承工作的工具，其结构轻巧坚固、灵活可靠，一人即可携带和操作。

千斤顶分为机械千斤顶和液压千斤顶等，原理各有不同，本节呈现的为机械千斤顶，其工作原理如装配图所示：底座1上装有螺套2，螺套与底座间由螺钉6固定。螺杆7与螺套由方牙螺纹传动，螺杆头部中穿有铰杠5，可扳动螺杆转动，螺杆顶部的球面结构与顶垫3的内球面接触起浮动作用，螺杆与顶垫之间由螺钉4限位。

当扳动铰杠转动螺杆时，螺杆和螺套间的螺纹作用可使螺杆上升或下降，同时进行起重支承。

4.1.2 装配图

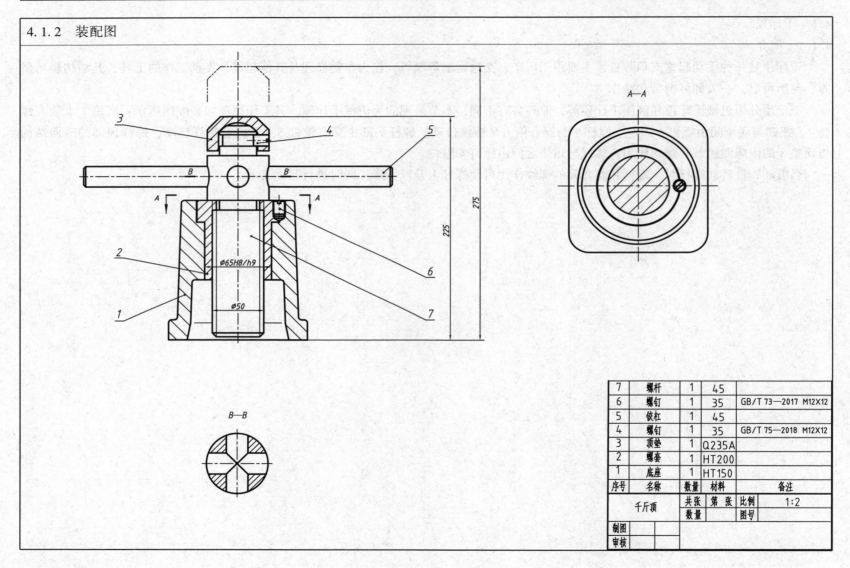

4.1.3 零件图

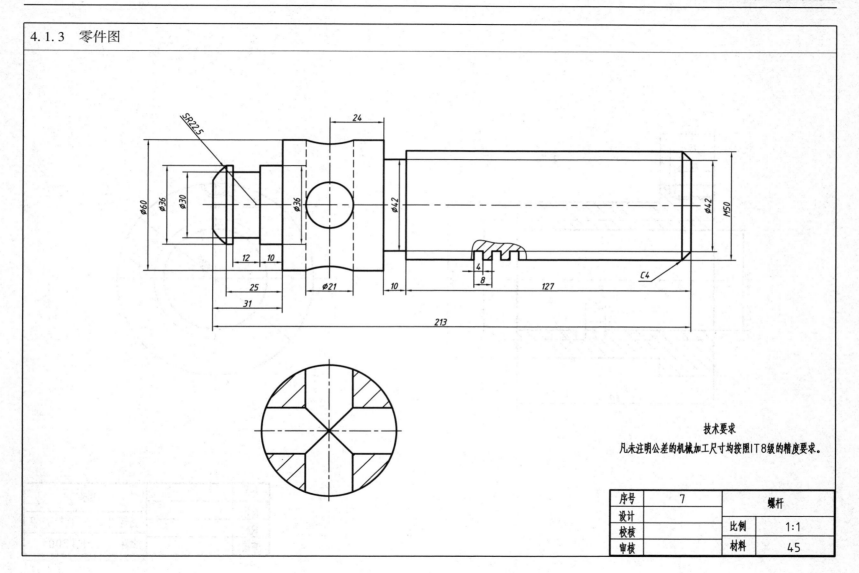

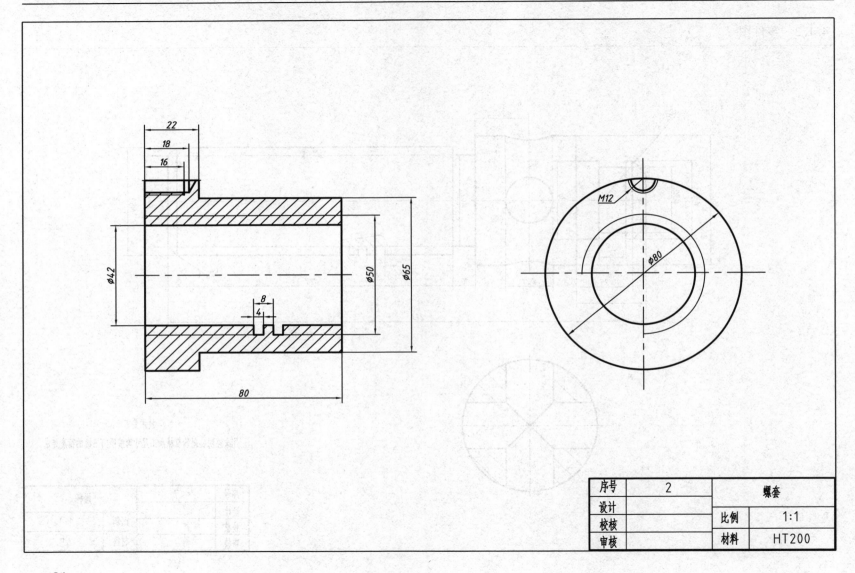

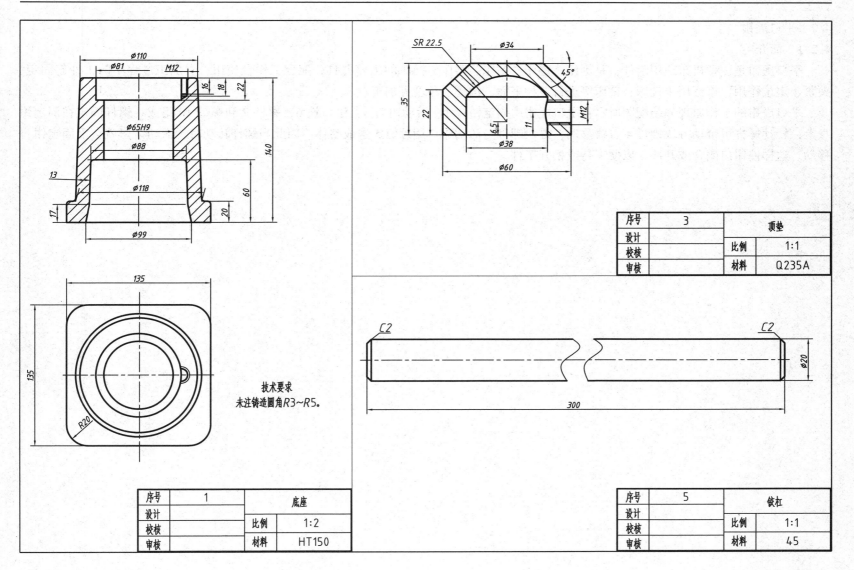

4.2 平口虎钳

4.2.1 简介

平口虎钳是一种机床通用附件，是刨床、铣床、钻床、磨床、插床的主要夹具，配合工作台使用，对加工过程中的工件起固定、夹紧、定位作用，广泛用于铣床、钻床等进行各种平面、沟槽、角度等加工。

平口虎钳的工作原理如装配图所示：平口虎钳由固定钳身 1、活动钳口 3、钳口铁 6、螺杆 2 和螺母 10 组成。螺杆固定在固定钳身上，转动螺杆可带动方块螺母 4 直线移动，方块螺母与活动钳口用螺钉 5 连成整体。因此当螺杆转动时，活动钳口就会沿固定钳身移动。这样使钳口闭合或开放，以便夹持或松开工件。

4.2.2 装配图

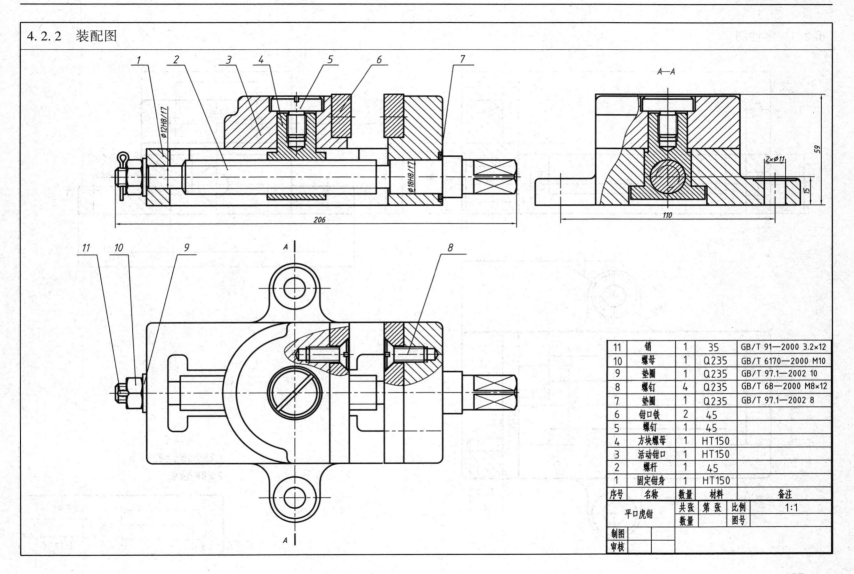

4.2.3 零件图

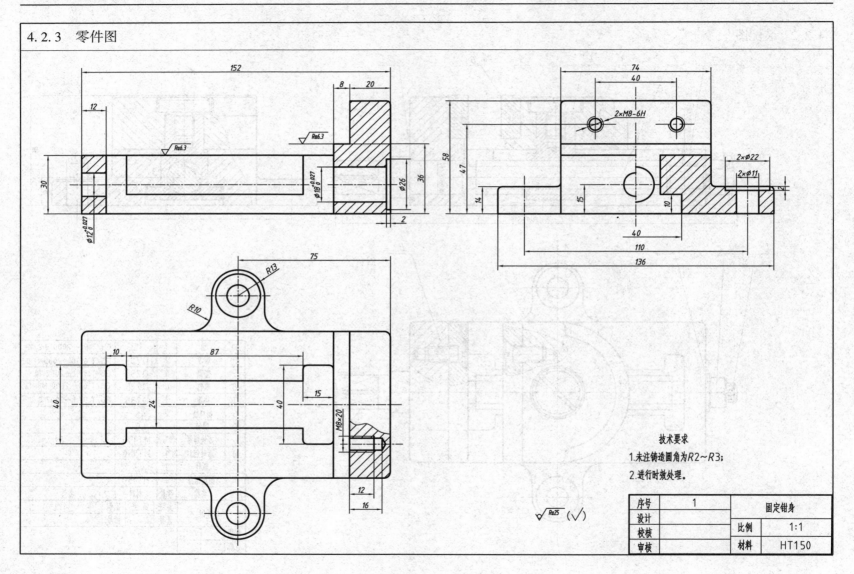

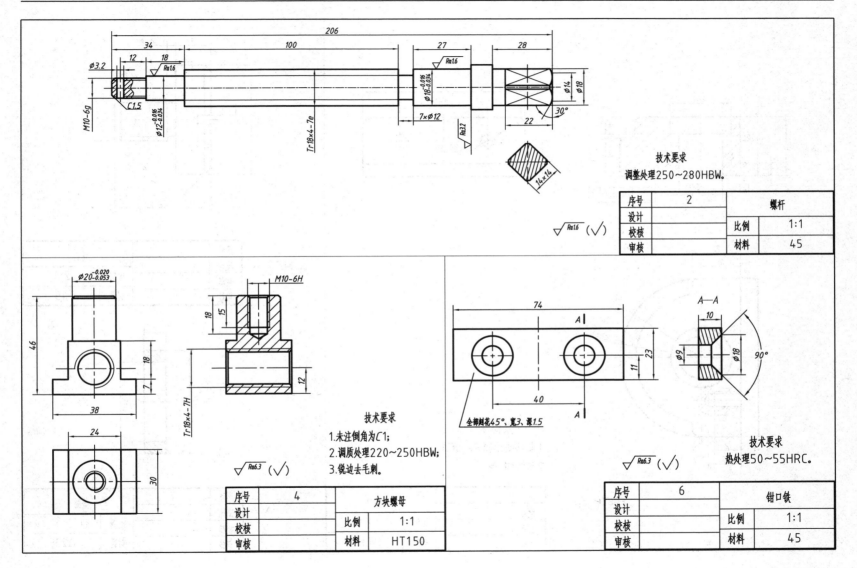

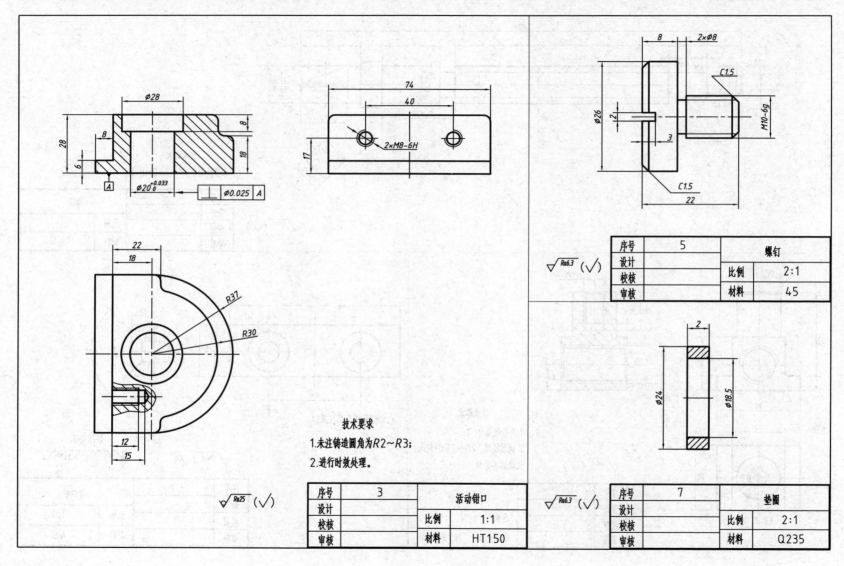

4.3 球阀
4.3.1 简介

球阀是控制液体流量的一种开关装置，主要供开启、关闭管道和设备介质之用。

如装配图所示：球阀主要由阀体 1、阀芯 3、阀盖 5、阀杆 10 和扳手 11 组成。其中，阀芯是一个带有圆形通道的球体。通过填料压紧套 12、填料垫 8 和密封填料 9 将阀杆和阀芯连接起来，转动扳手，阀杆通过嵌入阀芯槽内的扁榫转动阀芯，使流体通过或截断，从而实现阀芯的内孔同阀体和阀盖的启/闭以及开通量的控制。

4.3.2 装配图

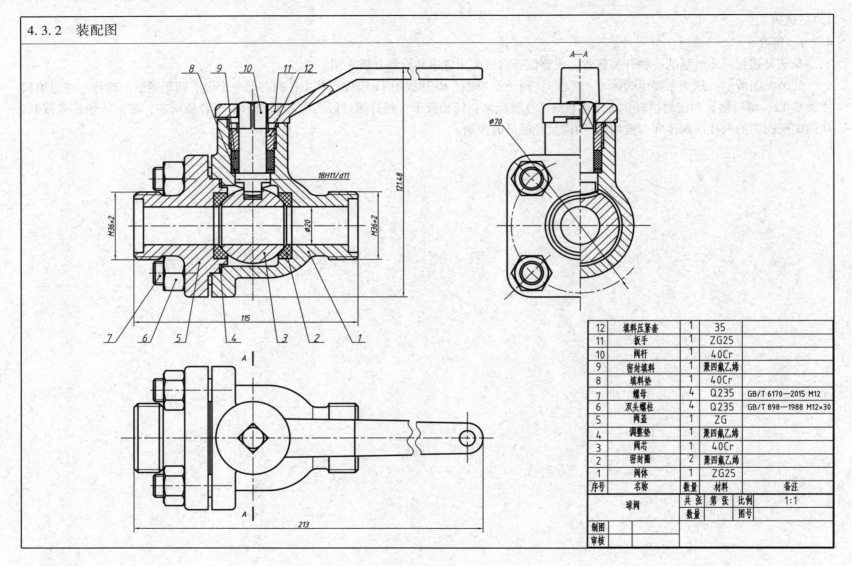

4.3.3 零件图

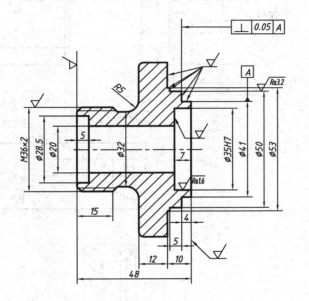
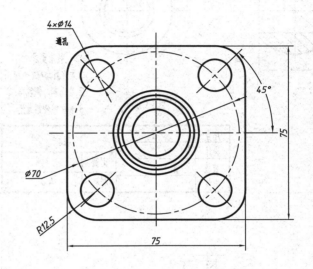

技术要求
1. 未注铸造圆角R1~R3；
2. 铸造不得有气孔、砂眼、裂纹等缺陷；
3. 未注倒角C2，表面粗糙度Ra为12.5 μm；
4. 铸件应时效处理。

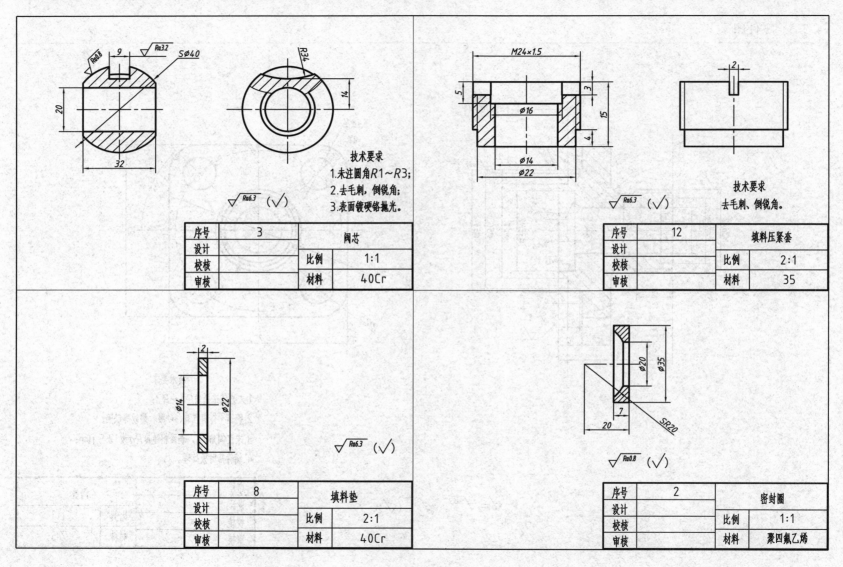

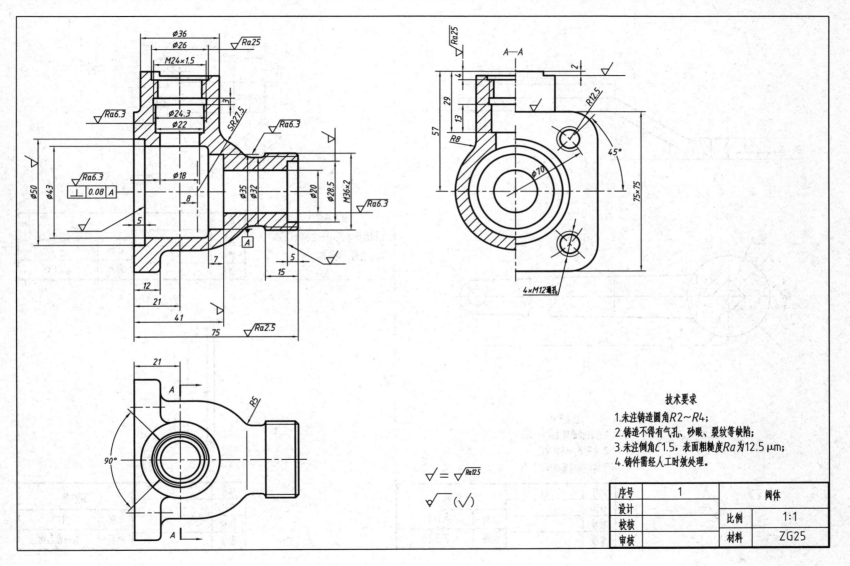

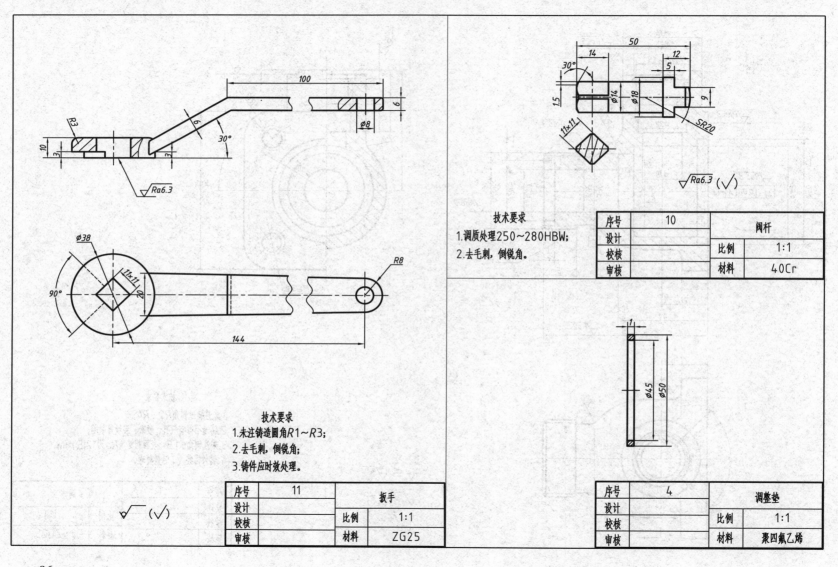

4.4 手压阀

4.4.1 简介

手压阀是一种手动吸进或排出液体的装置。

如装配图所示：手压阀主要由阀体 1、阀杆 7、弹簧 6、手柄 9 及填料 8 等组成。图示状态为在弹簧作用下阀杆锥面靠紧阀体锥孔，阀门关闭。当握住手柄向下压紧阀杆时，弹簧受力压缩使阀杆向下移动，阀门打开，液体入口与出口相通。手柄向上抬起时，由于弹簧弹力作用，阀杆向上压紧阀体，使液体入口与出口不通。

4.4.2 装配图

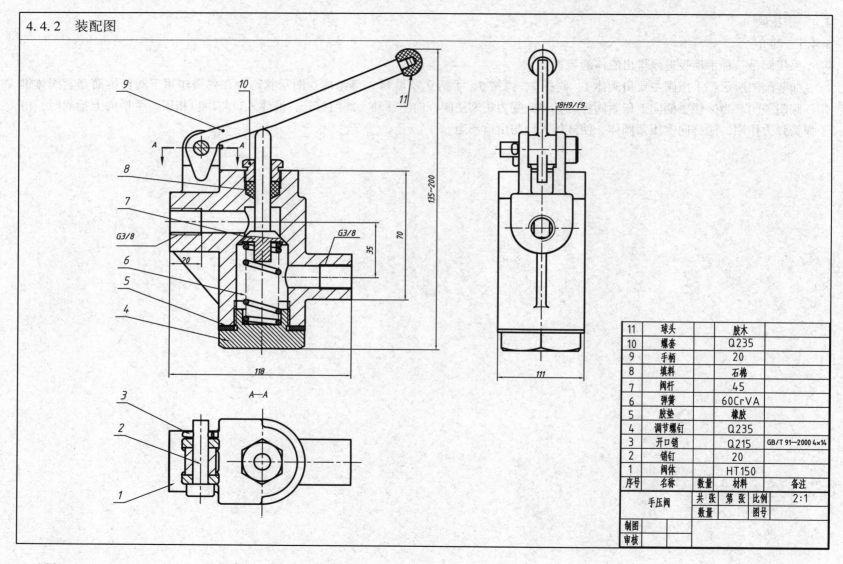

4.4.3 零件图

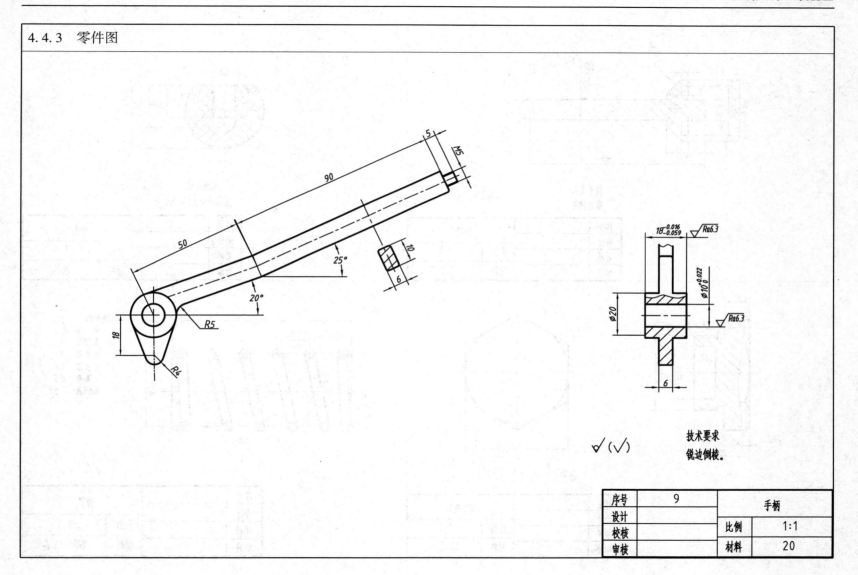

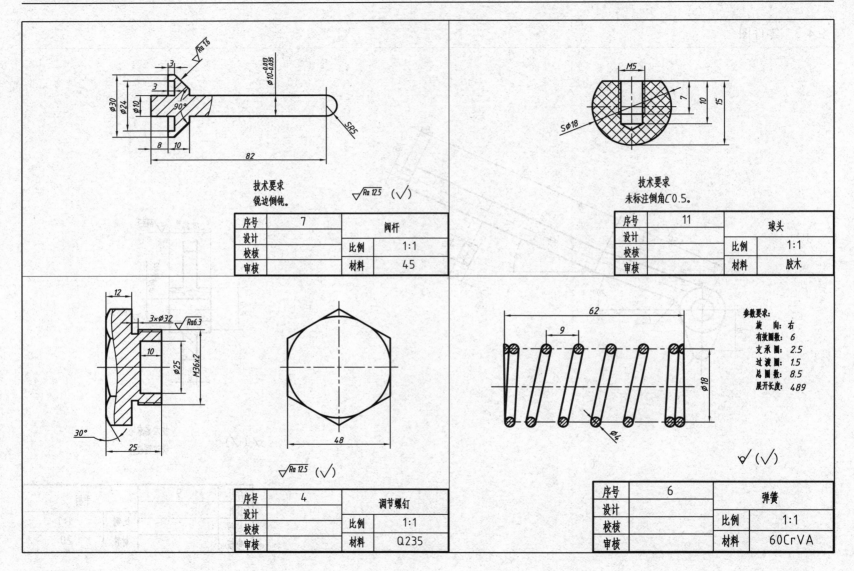

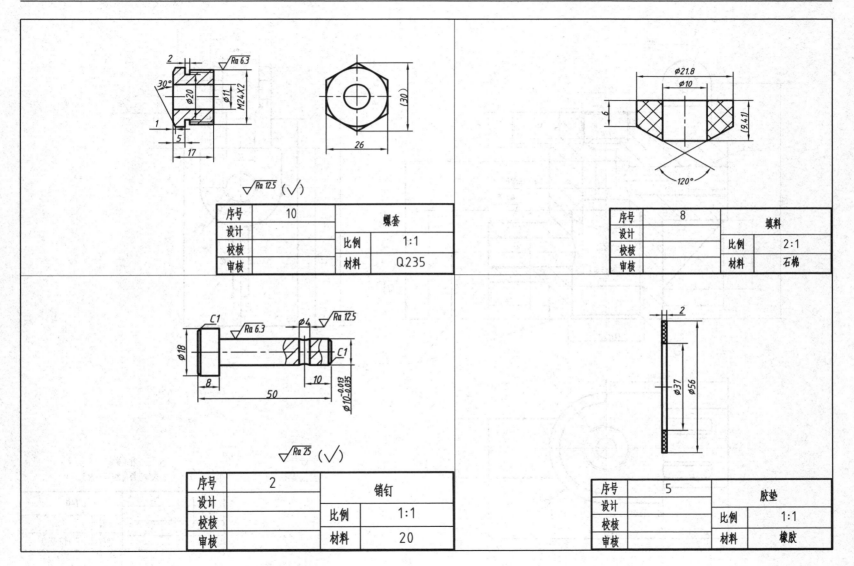

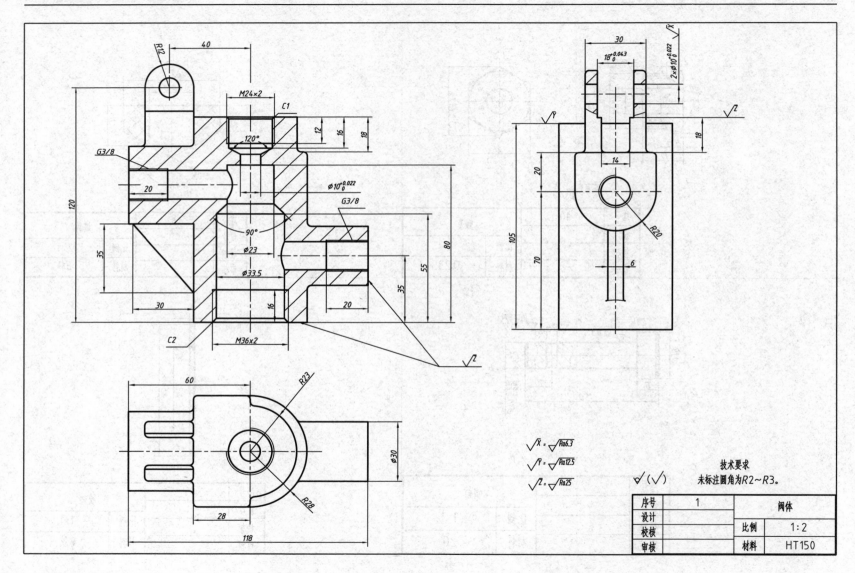

4.5 滑动轴承

4.5.1 简介

滑动轴承是一种在滑动摩擦下工作的轴支承结构，一般应用在低速重载的工况条件下，其工作平稳、可靠。工作原理为：在液体润滑条件下，滑动轴承表面形成润滑膜将运动副表面分开，使运动副表面不直接接触，从而使滑动摩擦力大大降低，避免磨损。

装配图所示为剖分式滑动轴承，由轴承座1、轴承盖3、剖分轴瓦（分为上轴瓦4、下轴瓦2）及螺栓7等组成。轴承盖与轴承座的剖分面常设计成阶梯形，以便定位和防止工作时错动。

4.5.2 装配图

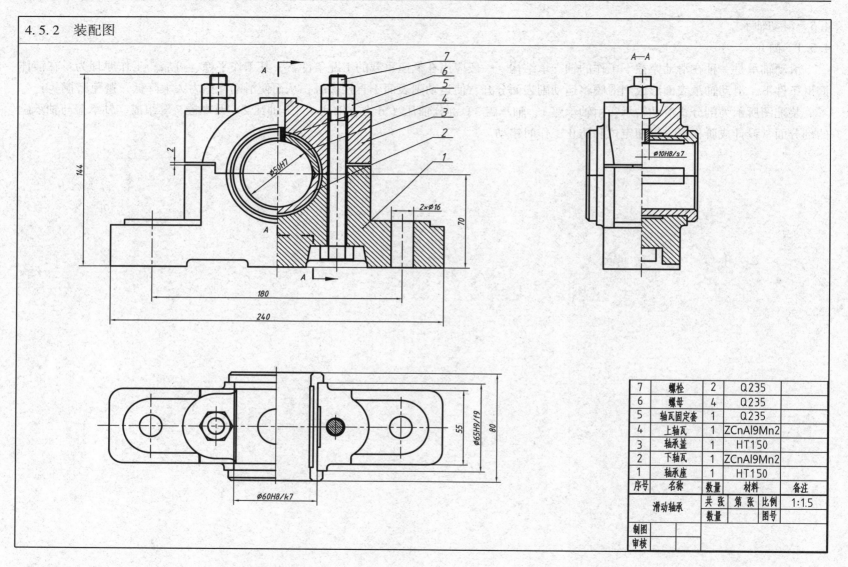

4.5.3 零件图

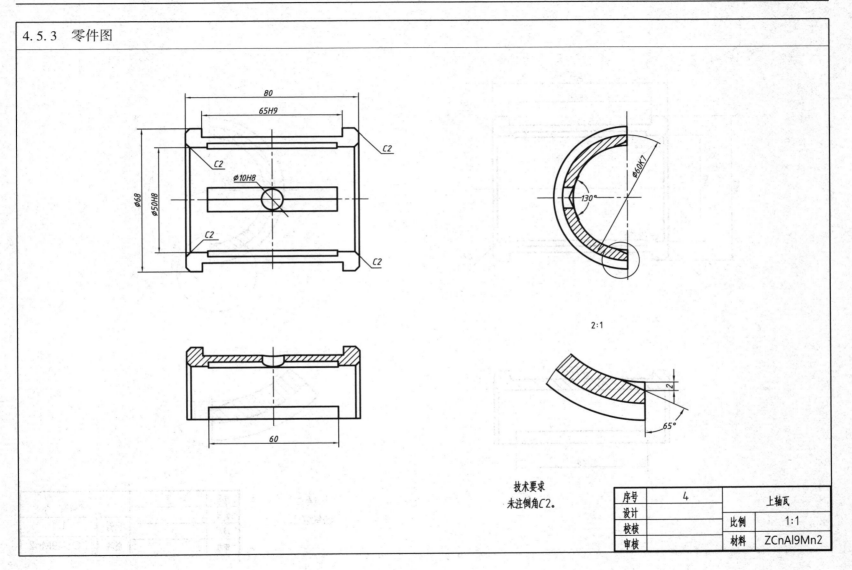

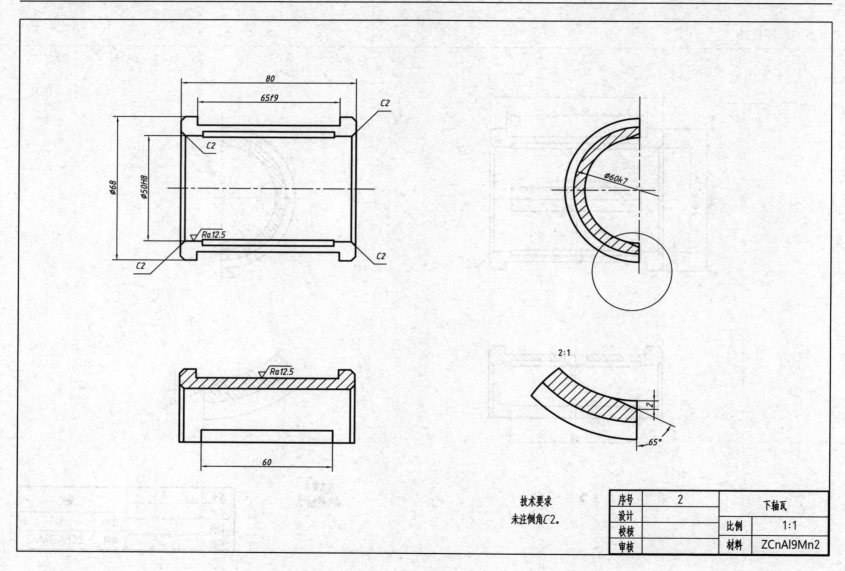

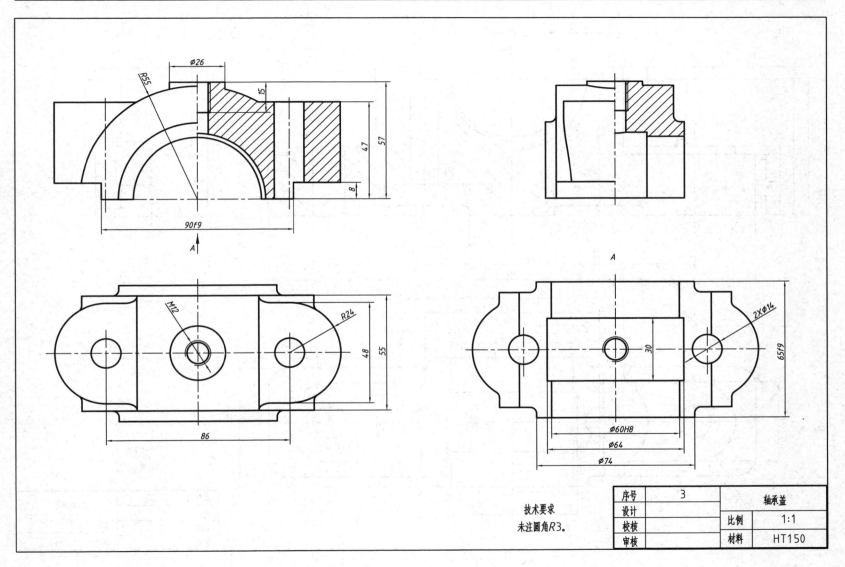

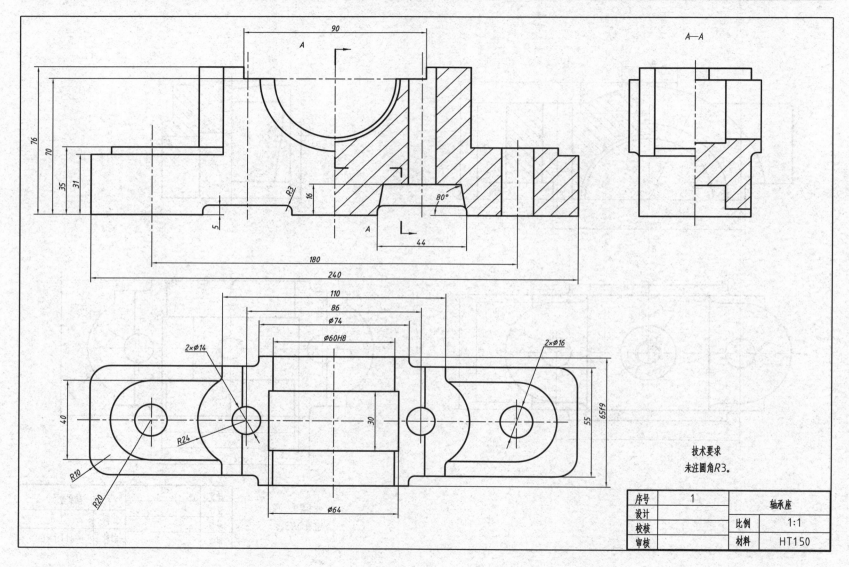

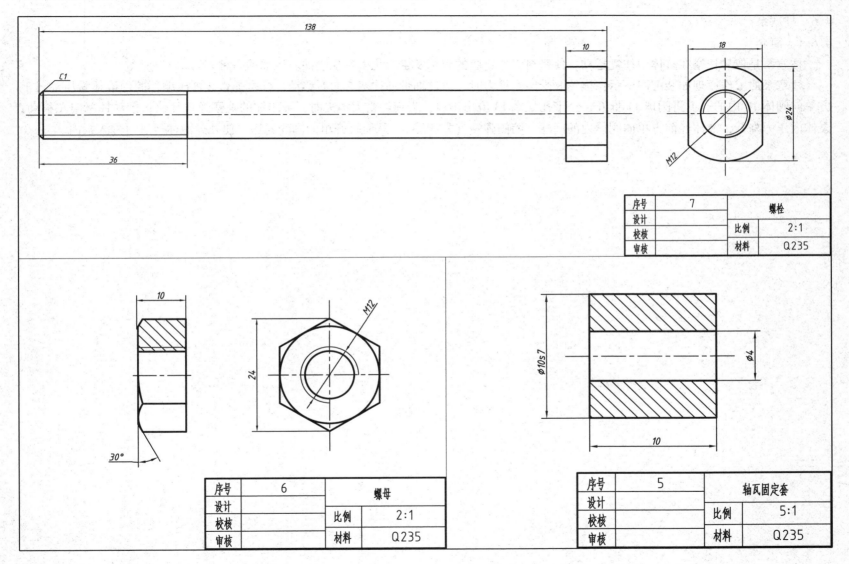

4.6 柱塞泵

4.6.1 简介

柱塞泵是依靠柱塞在缸体中往复运动，使密封工作容腔的容积发生变化来实现吸油、压油的一种装置。

柱塞泵的工作原理如装配图所示：拖轮8受向右推力时，通过轴带动柱塞5向右移动，柱塞弹簧2被压缩，腔内液体受压经过上方单向阀体10内的通道将阀球11推开，经带孔螺塞13流出出口，当拖轮受力消失时，被压缩的柱塞弹簧复位，推动柱塞向左移动，泵体内压力降低，液体经前方单向阀体内的阀球压缩阀弹簧（左视图），从而打开单向阀的通道，使外界液体经进口进入泵内。

4.6.2 装配图

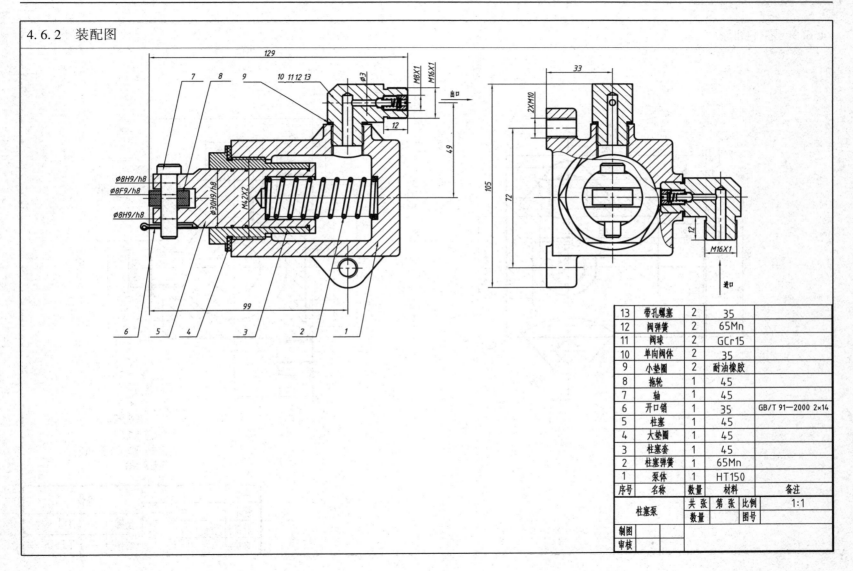

4.6.3 零件图

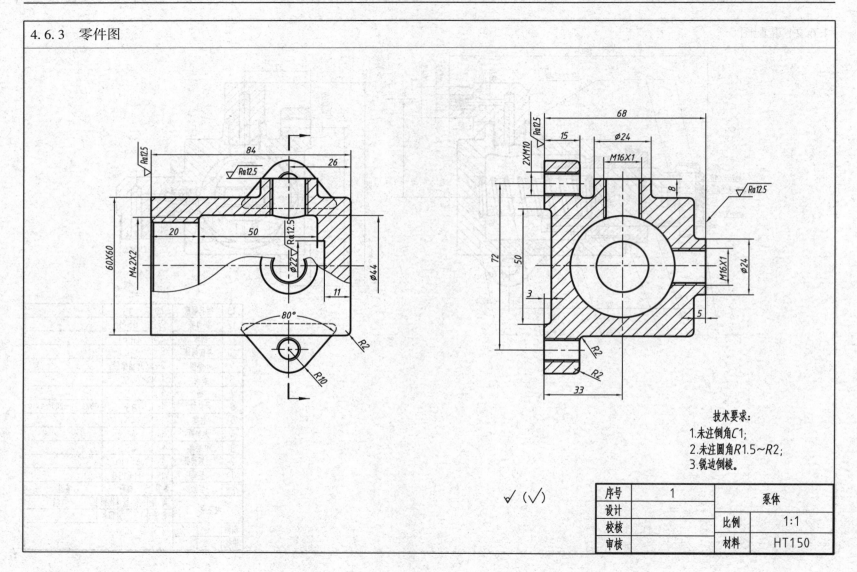

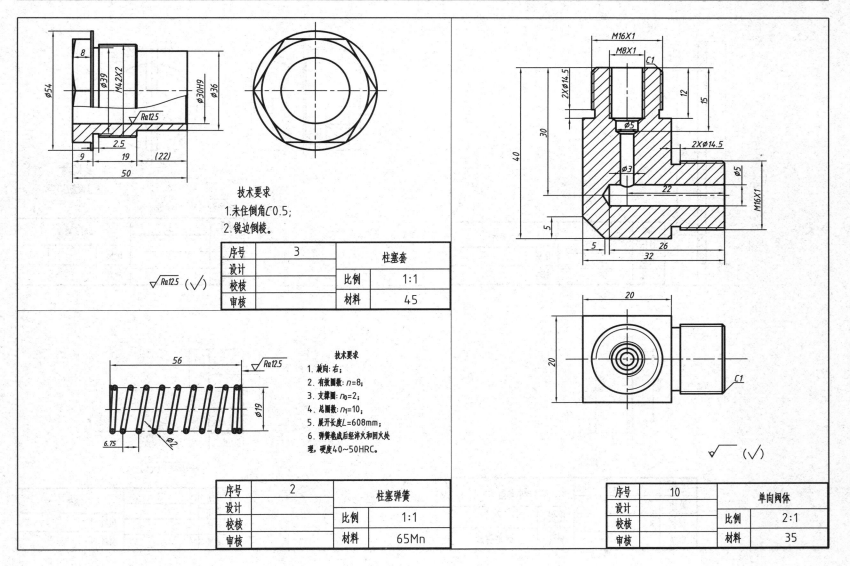

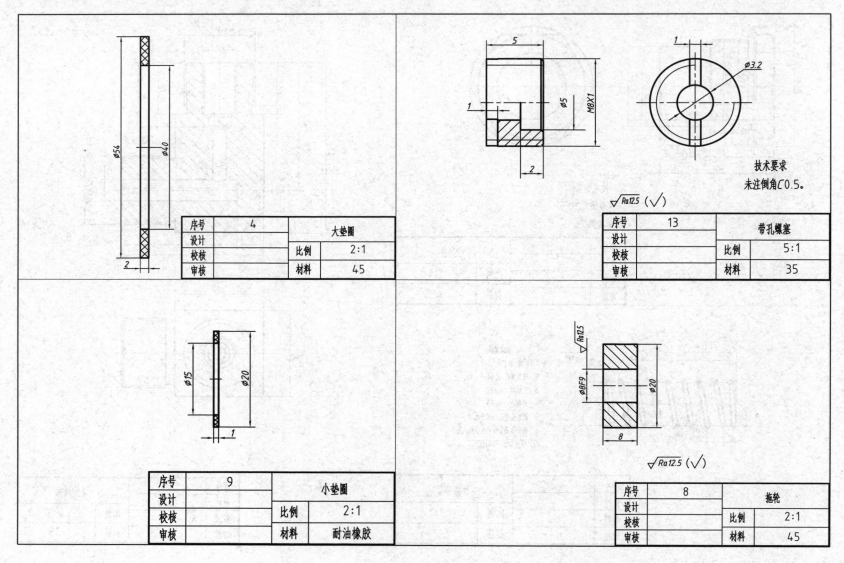

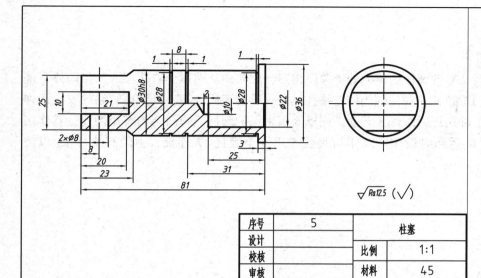
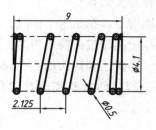

√Ra12.5 (√)

序号	5		柱塞
设计			
校核		比例	1:1
审核		材料	45

技术要求
1. 旋向：右；
2. 有效圈数：$n=4$；
3. 支撑圈：$n0=2$；
4. 总圈数：$n1=6$；
5. 展开长度$L=65.6$mm。

序号	12		阀弹簧
设计			
校核		比例	5:1
审核		材料	65Mn

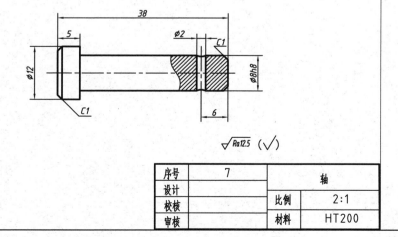

√Ra12.5 (√)

序号	7		轴
设计			
校核		比例	2:1
审核		材料	HT200

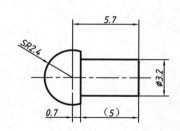

序号	11		阀球
设计			
校核		比例	5:1
审核		材料	GCr15

4.7 回油阀
4.7.1 简介

回油阀是供油管路上的一种开关装置。

回油阀的工作原理如装配图所示：在正常工作时，阀门 2 靠弹簧 3 的压力处于关闭位置，此时油从阀体 1 右孔流入，经阀体下部的孔进入导管。当导管中的油压增高超过弹簧压力时，阀门被顶开，油便顺阀体左端孔经另一导管流回油箱，以保证管路的安全。弹簧压力的大小靠阀杆 7 来调节。为防止阀杆松动，在阀杆上部用压紧螺母 8 并紧。阀罩 6 用来保护阀杆，阀门两侧有小圆孔，其作用是使进入阀门内腔的油流出来，阀门的内腔底部有螺孔，供拆卸时使用。阀体与阀盖 5 用 4 个螺柱 12 连接，中间有垫片 13 以防漏油。

4.7.2 装配图

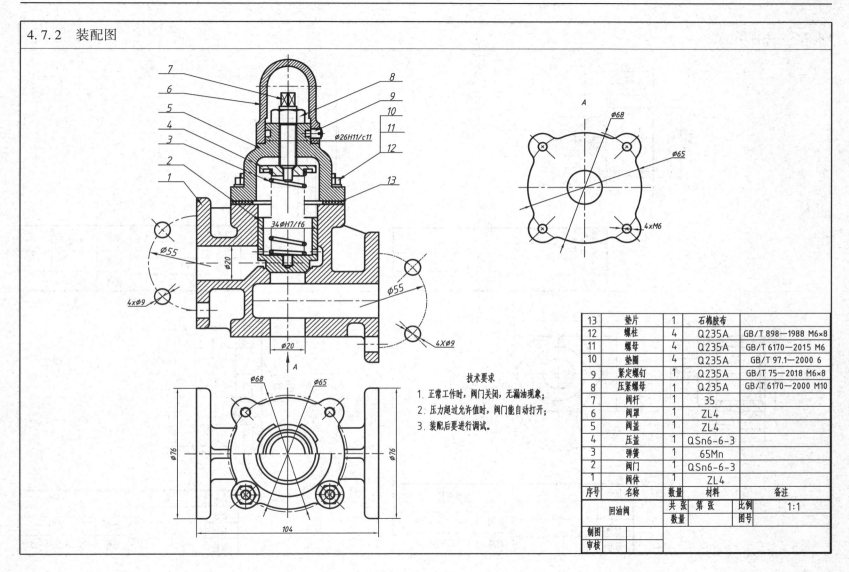

4.7.3 零件图

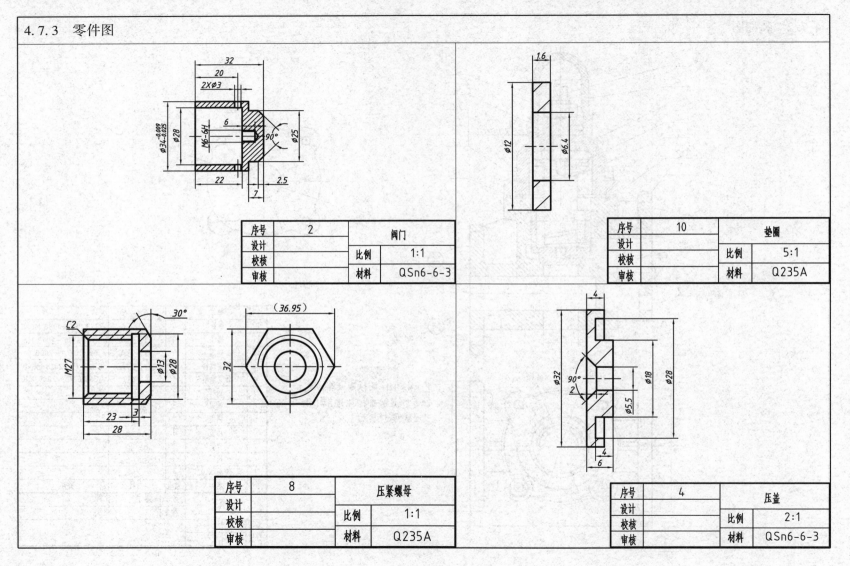

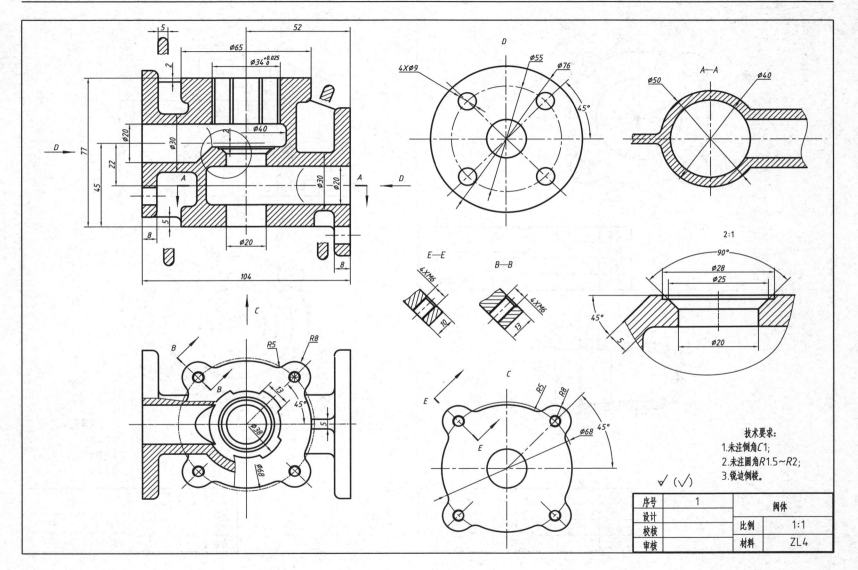

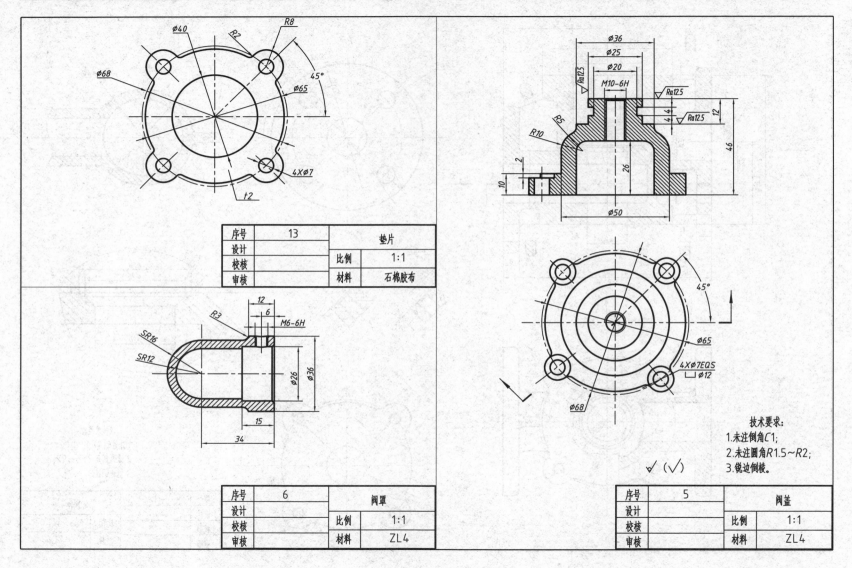

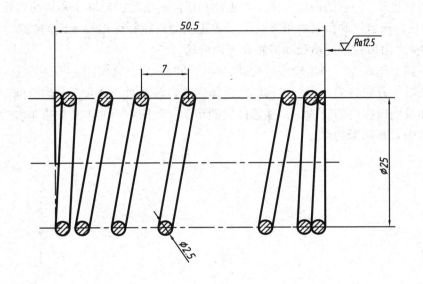

技术要求

1. 旋向:右;
2. 有效圈数: n=6.5;
3. 总圈数: n_1=9。

序号	3	弹簧	
设计			
校核		比例	2:1
审核		材料	65Mn

4.8 齿轮油泵

4.8.1 简介

齿轮油泵是机器中用来输送润滑油的一个部件。

如装配图所示：泵体 4 是齿轮油泵中的基础零件，通过螺钉 2 与泵盖 1 连接在一起形成齿轮泵的主体结构，在其内部形成了一个空腔。为防止侧面泄漏，在泵体与泵盖之间设置调整垫片 3。它的内腔容纳一对吸油和压油的主动齿轮轴 5 和从动齿轮轴 13，泵盖和泵体一起支承这一对齿轮轴的旋转运动。填料 6、填料压盖 7 和压紧螺母 8 是为了防止主动齿轮轴伸出端泄漏的装置。齿轮 9 通过键 12、螺母 11、垫圈 10 与主动齿轮轴连接在一起，动力由齿轮传递给吸油齿轮和压油齿轮。

从左视图观察这一对齿轮啮合传动，可以了解其工作原理：当齿轮按逆时针方向转动时，通过键将扭矩传递给主动齿轮轴，经过齿轮啮合带动从动齿轮轴，从而使从动齿轮轴做顺时针方向转动。当一对齿轮在泵体内啮合转动时，啮合区右边空间的压力降低而产生局部真空，油池内的油在大气压力作用下进入油泵低压区内的吸油口，随着齿轮的转动，齿槽中的油不断被带至左边的压油口并被压出，高压油经出油口到输油系统，最终送至机器中需要润滑的部分。

4.8.2 装配图

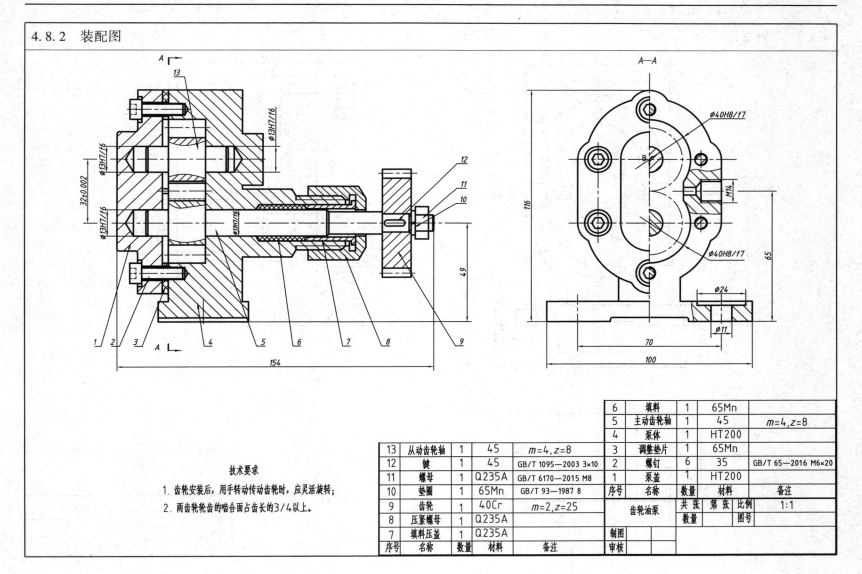

4.8.3 零件图

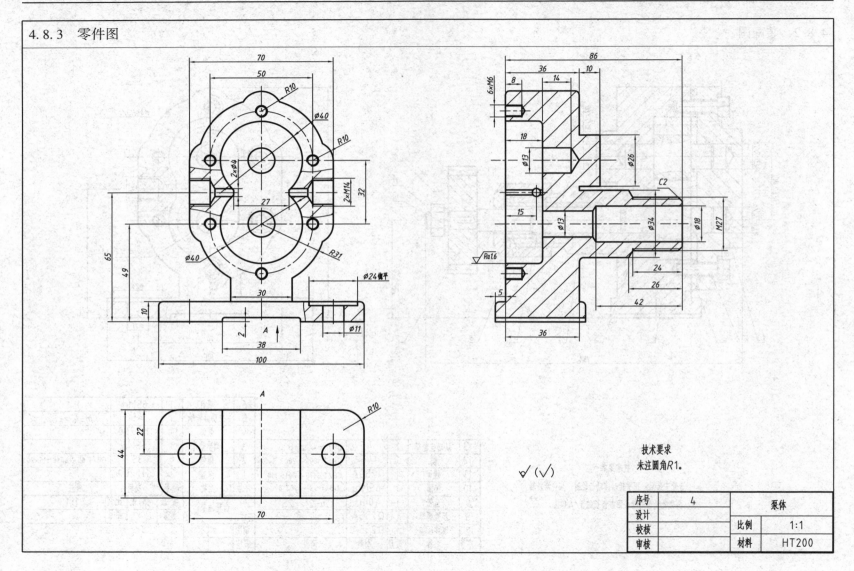

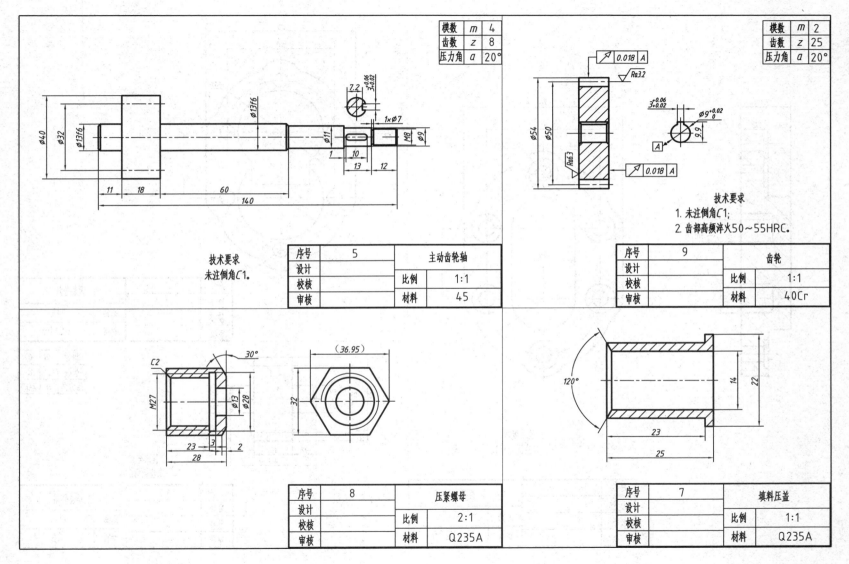

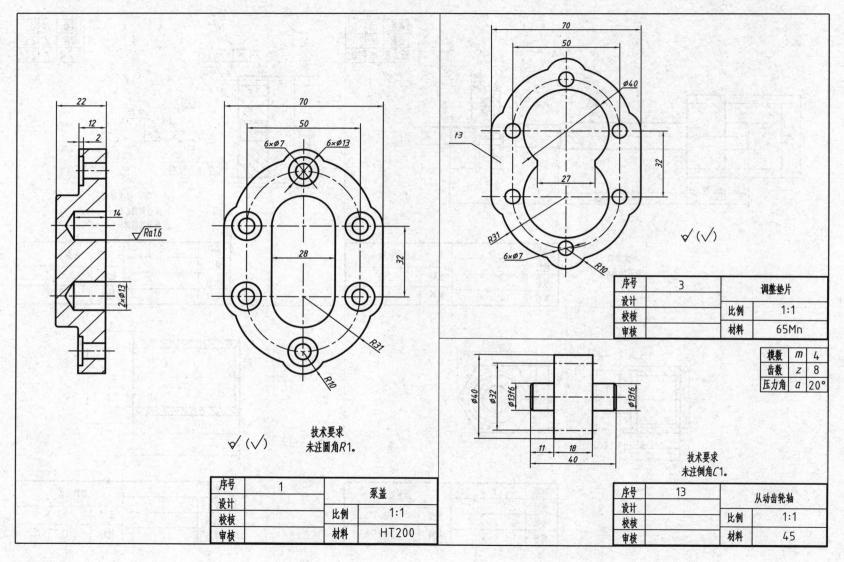

4.9 减速器

4.9.1 简介

本节呈现的是一级圆柱齿轮减速器，它是一种动力传递机构，由封闭在刚性壳体内的一对大小不同的齿轮传动实现减速，常用作原动件与工作机之间的减速传动装置，主要用于带式输送机及各种运输机械，也可用于其他通用机械的传动机构中，在现代机械中应用极为广泛。

减速器工作原理如装配图所示：此一级圆柱齿轮减速器主要由箱体 3、箱盖 4、主动齿轮轴 20、齿轮 26 及从动齿轮轴 24、轴承 17 及轴承端盖 21 和 29 等组成。通过装在箱体内的一对啮合齿轮实现减速。动力由电动机通过皮带轮（图中未画出），传递到主动齿轮轴，然后由小齿轮带动大齿轮把动力传递到从动齿轮轴，从而实现减速的目的。

4.9.2 装配图

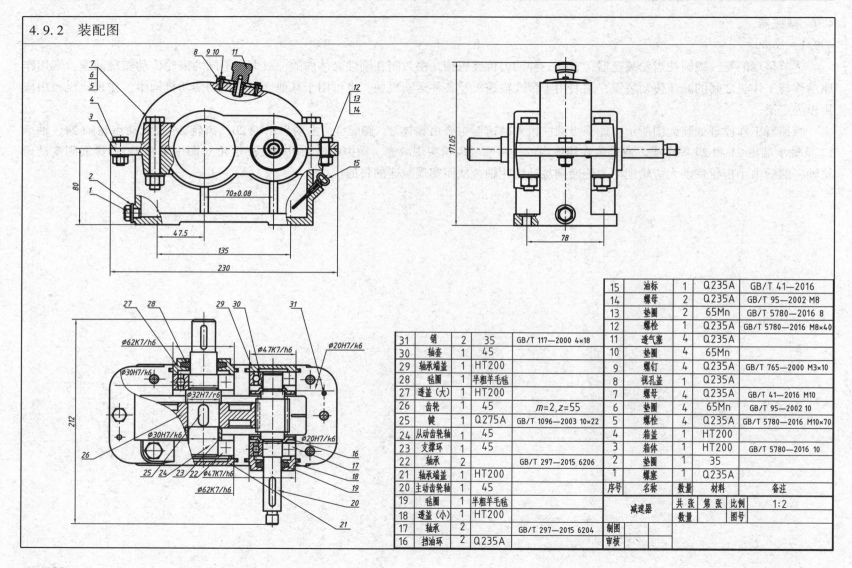

4.9.3 零件图

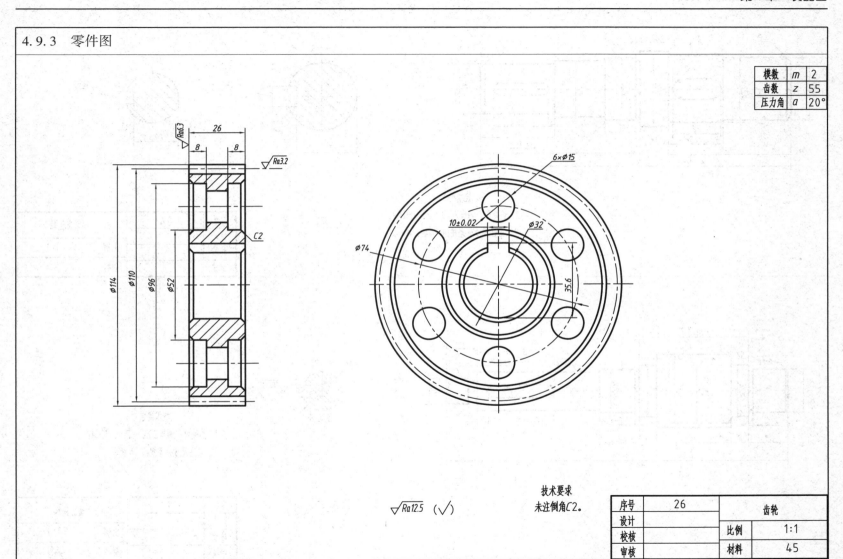

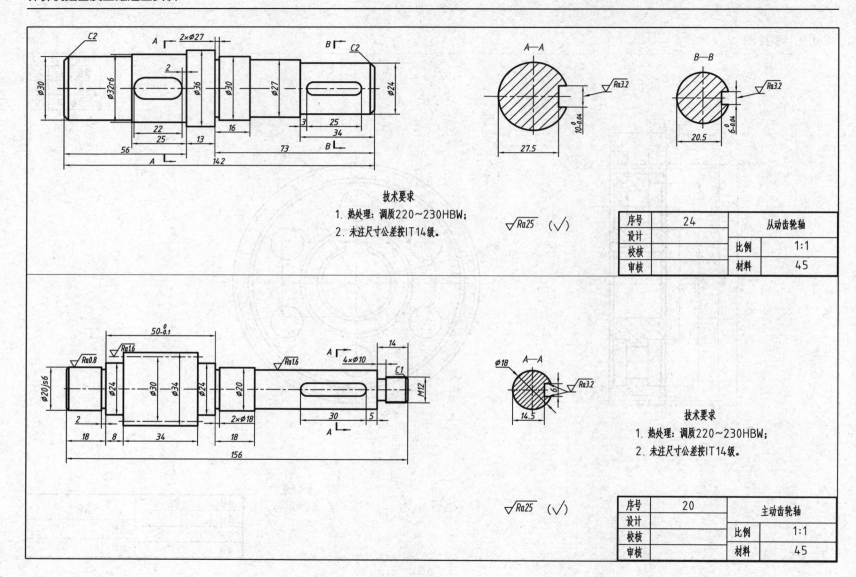

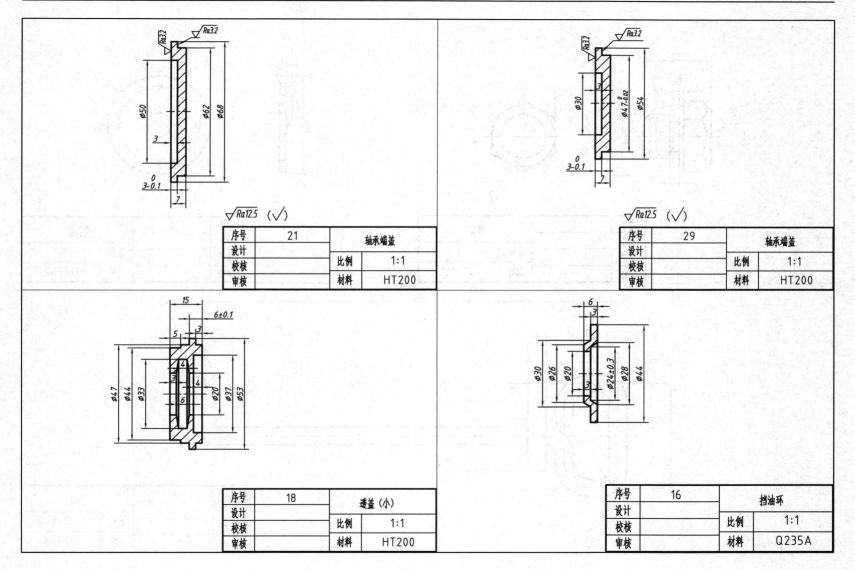

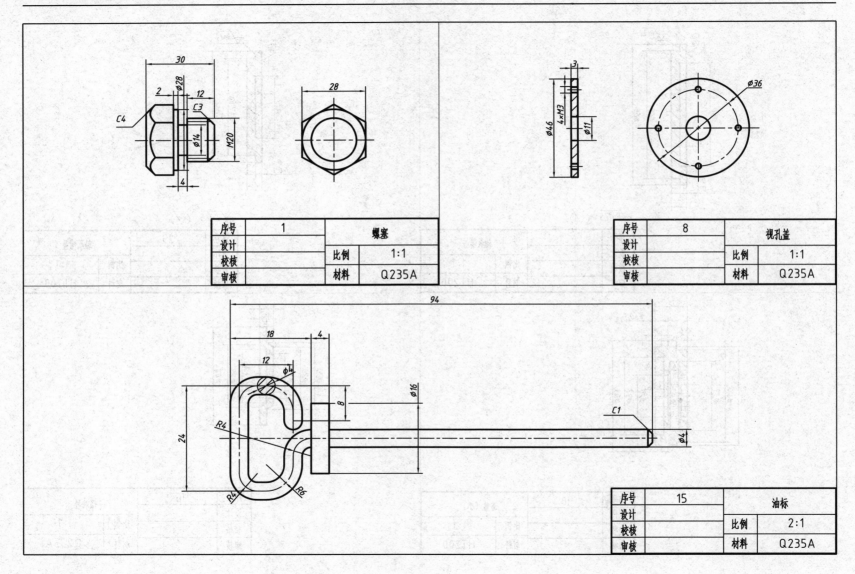

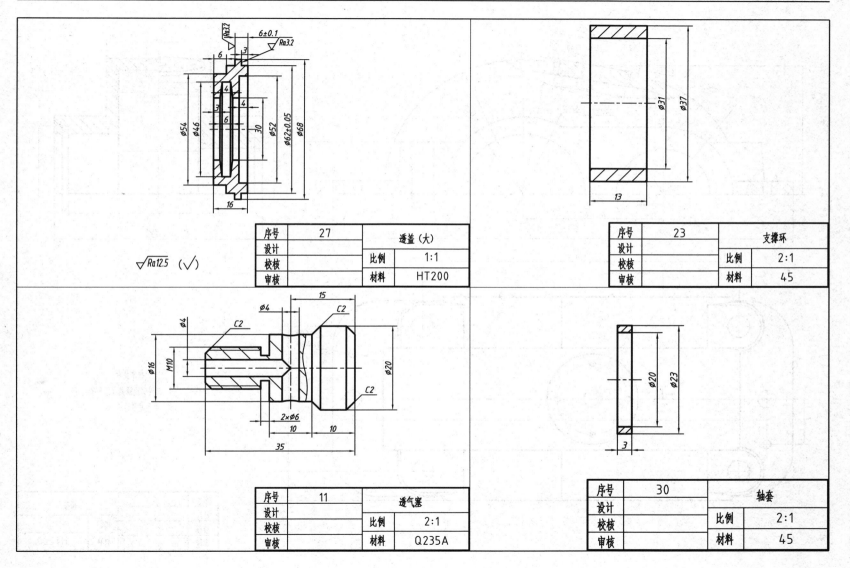

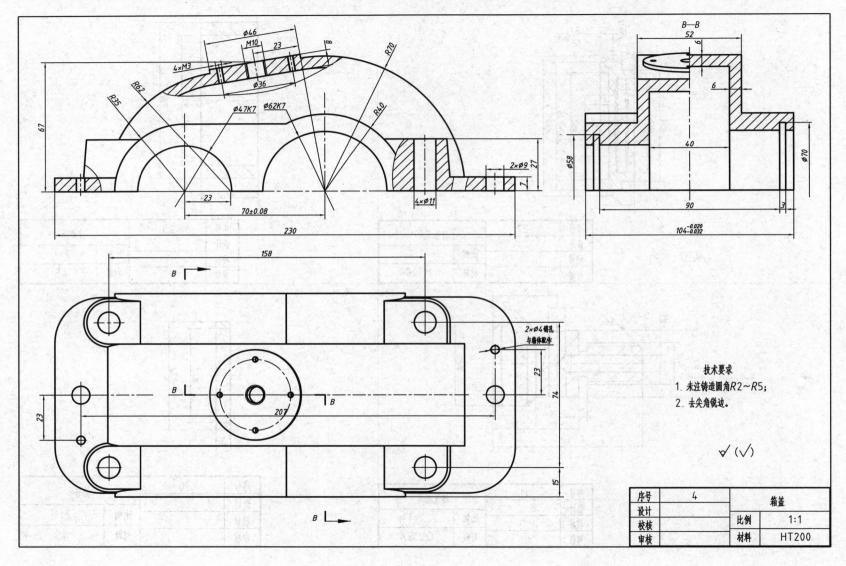

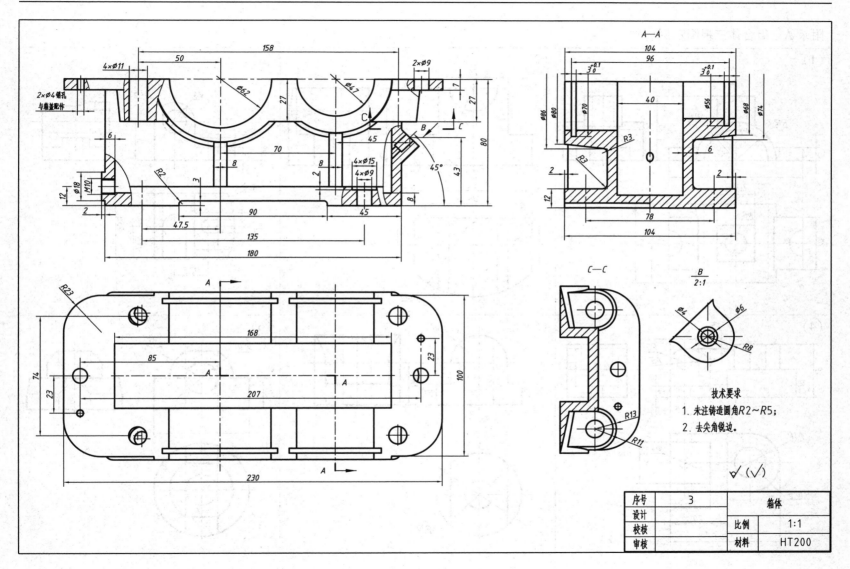

附录 A 组合体三视图示例

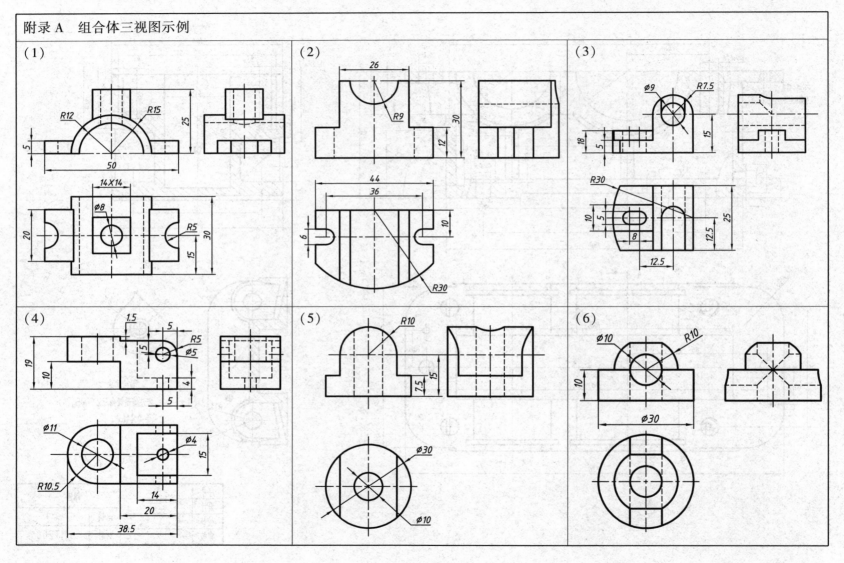

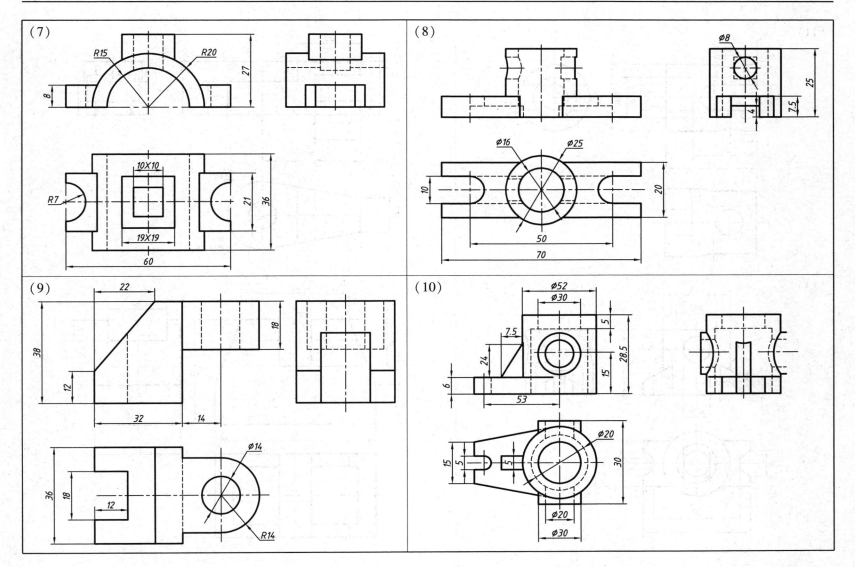

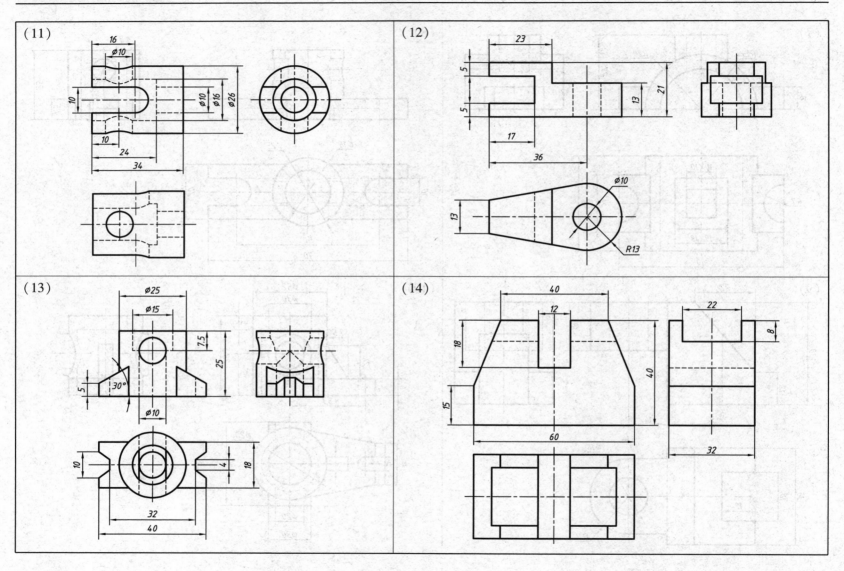

附录 B　装配图三维结构示例

（1）千斤顶

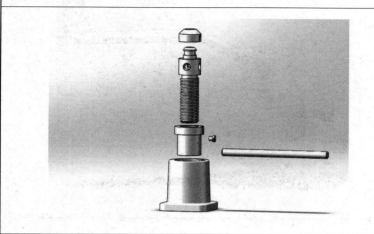

（2）平口虎钳

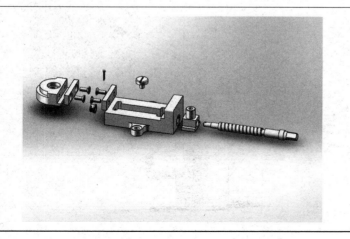
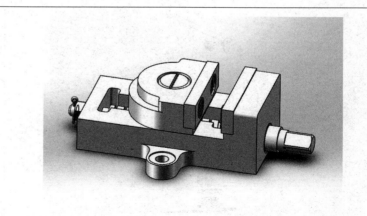

(3) 球阀

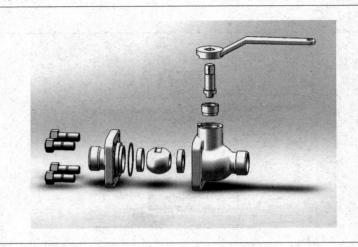
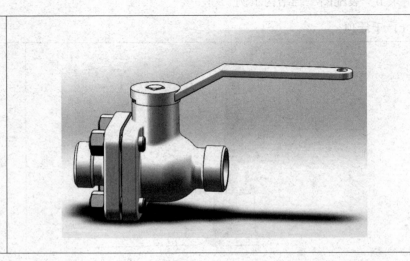

(4) 手压阀

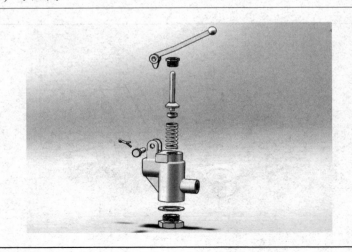
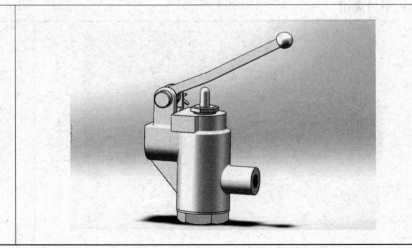

（5）滑动轴承

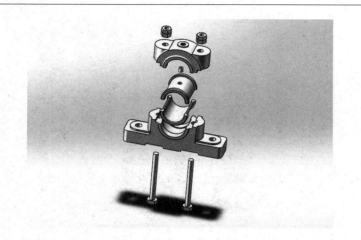
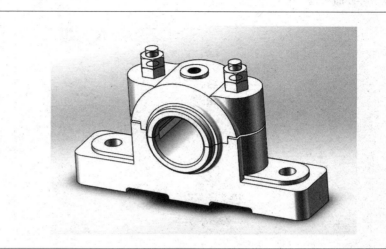

（6）柱塞泵

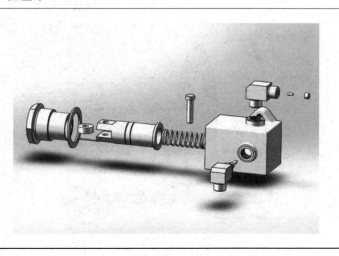
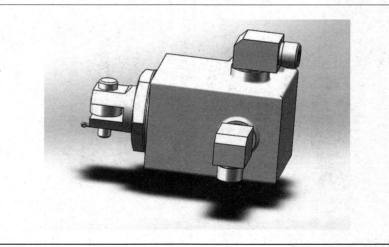

（7）滑动轴承

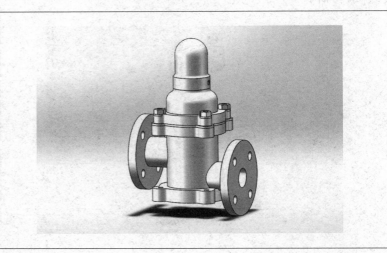

（8）柱塞泵

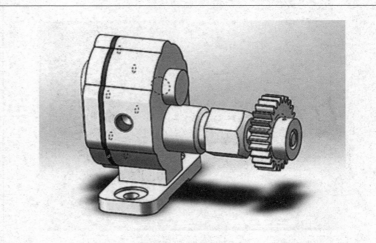

(9) 滑动轴承

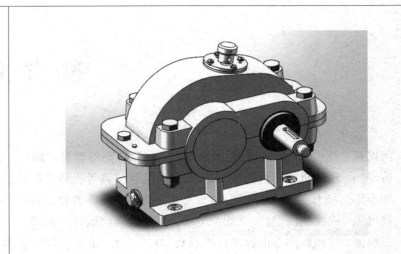

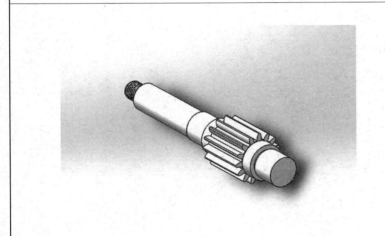

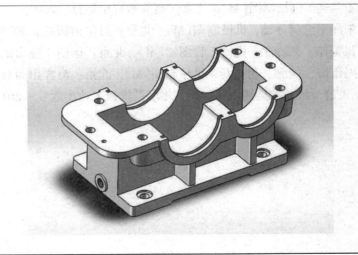

参 考 文 献

[1] 何铭新，钱可强. 机械制图[M]. 5版. 北京：高等教育出版社，2004.
[2] 蒋寿伟. 现代机械工程图学[M]. 5版. 北京：高等教育出版社，2006.
[3] 刘小年，杨月英. 机械制图[M]. 2版. 北京：高等教育出版社，2007.
[4] 钱可强. 机械制图[M]. 2版. 北京：高等教育出版社，2007.
[5] 王槐德. 机械制图新旧标准代换教程[M]. 2版. 北京：中国标准出版社，2004.
[6] 王兰美. 机械制图[M]. 北京：高等教育出版社，2004.
[7] 朱泽平，何冰清. 机械制图[M]. 北京：科学出版社，2008.
[8] 张玉伟，朱泽平. 机械工程图学[M]. 北京：国防工业出版社，2010.
[9] 冯衍霞，闫鹏，付秀琢. 机械制图[M]. 北京：海洋出版社，2014.
[10] 王静. 新标准机械图集[M]. 北京：机械工业出版社，2014.